U0266519

延边地区朝鲜族和汉族体型变化及生活习惯调查分析研究

Research on the Figure Variationand Living Habits of Ethnic Korean and Han in Yanbian Area

宋德风 ◎ 著

科学出版社

北 京

内 容 简 介

人体测量的目的是通过其测量数据，运用统计学方法，对人体特征进行分析。

本书是基于延边地区人体体型对比及生活环境的调查研究，主要内容由人体数据测量和生活习惯两部分组成。依据国际标准化组织和我国的国家标准有关人体测量的标准，对延边地区 10 代、20 代、40 代、60 代朝鲜族和汉族男性的体型进行测量研究，以期为医疗卫生、体育等部门提供参考数据。

本书适合作为服装设计专业本科生和研究生的参考书，或作为科研设计部门的工具书。

图书在版编目（CIP）数据

延边地区朝鲜族和汉族体型变化及生活习惯调查分析研究 / 宋德风著 . —北京：科学出版社，2020.5

ISBN 978-7-03-063801-4

Ⅰ.①延⋯　Ⅱ.①宋⋯　Ⅲ.① 朝鲜族-人体-体型-调查研究-延边 ②朝鲜族-人体-体型-调查研究-延边 ③朝鲜族-少数风俗习惯-调查研究-延边 ④汉族-风俗习惯-调查研究-延边　Ⅳ.①Q983 ②K892.319 ③K892.311

中国版本图书馆CIP数据核字（2019）第283440号

责任编辑：苏利德　柴江霞 / 责任校对：王晓茜
责任印制：李　彤 / 封面设计：润一文化

编辑部电话：010-64033934
E-mail：edu_psy@mail.sciencep.com

科学出版社 出版
北京东黄城根北街16号
邮政编码：100717
http://www.sciencep.com

北京虎彩文化传播有限公司印刷
科学出版社发行　各地新华书店经销

*

2020年5月第 一 版　开本：720×1000　B5
2020年5月第一次印刷　印张：12
字数：226 000

定价：88.00元
（如有印装质量问题，我社负责调换）

前　　言

　　人体测量的主要任务是通过其测量数据，运用统计学方法，对人体特征进行数据分析。骨骼测量提供人类在系统发育和个体发育的各个阶段的骨骼尺寸，帮助我们了解人类进化过程中不同时期和不同人种的骨骼发育的情况，以及它们的相互关系，同时可以揭示骨骼在生长和衰老过程中的变化等。这不仅对人类进化和人体特征的理论研究有着重要的意义，而且对法医等部门有实际的用处。另外，通过人体测量，确定人体各部位的标准尺寸，可以为国防、工业、医疗卫生和体育等部门提供参考数据。进行人体测量时，必须严格按照规定的测点位置和测量项目的定义，使用可靠的测量仪器进行测量。

　　人体体型变化取决于两大因素：一是生活习惯；二是遗传基因。在当今经济全球化高速发展的时代，各民族的生活习惯受到同质、同境的影响，一些少数民族人体体型趋同于汉族人体体型。随着时间的推移，少数民族人体体型特征和汉族人体体型特征的差异越来越小。所以，要加快对少数民族人体数据的收集，通过数据分析保护和研究少数民族体型特征。本书以延边朝鲜族自治州（简称延边）为研究区域，因为该地区以朝鲜族为主要居住群体，仍然保持着朝鲜族传统的居住、饮食等生活习惯，这大大保证了数据的代表性。本书通过对中国延边地区居住的朝鲜族和汉族男性人体各部位的体型进行测量，调查分析其饮食、生活、运动习惯等方面的年龄差异。人体测量在我国还处在发展阶段，本书以调查研究为基础，期望能为我国其他地区的少数民族人体体型比较研究提供参考依据和基础资料。

2019 年 10 月 20 日

目 录

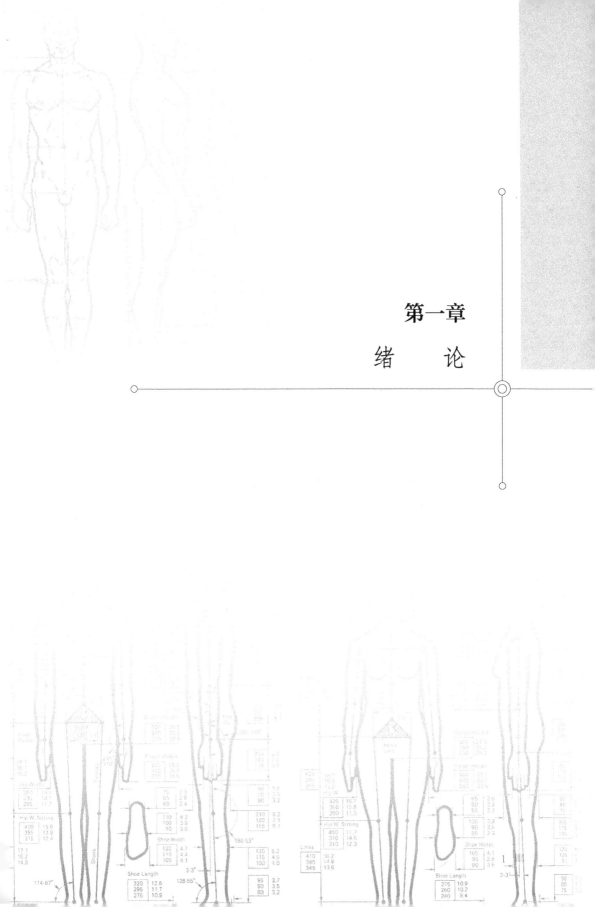

第一章

绪　论

我国是一个统一的多民族国家，每个民族都有其独特的历史、文化和生活习惯。每个民族都深入了解本民族的历史和文化，树立正确的民族观和国家观，对维护民族团结和国家安全都具有十分重要的意义。

　　在世界全球化和现代化、中国改革开放及延边社会变革、韩国文化的影响等背景下，朝鲜族文化面临着新的发展形势与问题。

　　目前，我国还没有就某一地区不同民族进行体型和生活习惯的比较研究。国外相关研究主要从测量的角度出发，没有对得到的数据进行深入的分析和建模，但也从多方面为人体测量专题研究提供了可借鉴的宝贵经验。国内相关研究侧重于人体测量在数值上的应用，得出了人体测量研究的理论框架，但针对不同地域、不同民族进行人体数值分析和原型设计的研究还比较欠缺。因此，本书以横向跨民族，纵向跨年龄段进行横纵交叉式分类建模的系统归类研究。经过深入的调查，本书揭示了延边地区朝鲜族人体体型变化的原因，了解了当地的婚姻状况、跨民族婚姻比例以及生活、运动和饮食习惯等。通过相关的研究分析，我们可以掌握延边地区人体体型变化的特征和生活习惯特征，以及影响体型变化的因素。

一、延边地区居民的生活习惯

延边①位于中国东北部，人口主要由朝鲜族、汉族及其他少数民族组成，城市人口以朝鲜族和汉族为主。延边是我国最大的朝鲜族聚居区，也是我国朝鲜族人口占比最大的地区，且该地区群众仍然保持着传统的居住、饮食等生活习惯，这大大保证了数据的代表性。

（一）朝鲜族

1. 服装穿着传统习惯

白色是朝鲜族传统服装最常见的颜色，在朝鲜族人民心中，它具有纯洁、神圣的象征意义。传统的新娘礼服多为白色。朝鲜族的民族服饰按穿着年龄、场合不同而具有不同的纹理与颜色。未婚的女子通常身着鲜红色裙子和黄色外衫，袖子上常有彩色的条纹。已婚的女子则穿红色裙子和绿色外套。老年妇女可以在多种鲜明的颜色和丰富的花样里选择。此外，朝鲜族传统服饰中有一种七彩上衣，用七彩绸缎制成，是幸福和光明的象征，通常在集会和节日活动中穿戴。朝鲜族男子通常穿朴素的短上衣和坎肩，下身穿长裤，裤腿肥大。朝鲜族儿童的服饰色彩艳丽，多用七种颜色的丝绸缝制，象征彩虹。在传统朝鲜族民俗中，七彩是光明的象征，能让孩子变得更聪明、更活泼可爱。如今在结婚、节日和重大集会上，朝鲜族仍会穿着传统服饰。传统服饰是朝鲜

---

① 延边朝鲜族自治州：位于中国东北地区吉林省东部中朝边境，是中国少数民族自治州之一，首府为延吉市。

族传统民俗文化的重要组成部分。朝鲜族传统服饰通常还有佩件装饰。领带下常挂流苏，流苏上装饰一块玉或小银刀，尾部有一个环，吊长丝穗，与服装相呼应，整体的美感极强。船形鞋是朝鲜族具有民族特色的鞋。鞋样像一只船，鞋头微翘，用人造皮革或橡胶制成，柔软舒适。男式鞋通常为黑色，女式鞋多为白色、蓝色、绿色。早期的朝鲜族穿木屐、革屐，之后出现草鞋、麻鞋、胶鞋，现在普遍穿胶鞋或皮鞋。

2. 饮食文化习惯

受地理位置、自然环境的影响，延边的朝鲜族保持了喜食"山珍海味"的饮食习惯。因为朝鲜族喜食的"山珍海味"多取自天然，所以其民族饮食具有"尚天然"的特征，主要表现在两个方面：一是取材天然。朝鲜族小菜广誉盛名，如沙参、桔梗、蕨菜、山芹菜、刺嫩芽、松茸、小根蒜等山野菜，还有辣椒叶、南瓜叶、芹菜叶等其他民族较少食用的种植小菜。因为喜素食、好清淡，朝鲜族在山野菜和日常蔬菜的食用上，往往生食，制成各种拌菜、蘸酱菜等，或以之包饭、拌饭，从而更多地保留了食物的天然滋味。即使是制成泡菜，也因其特殊的腌制方法而保持了蔬菜的鲜艳色泽和脆嫩质地，味道更是清香适口，虽然辣味十足，但与汉族腌制的咸菜相比，味醇少盐，是深受人们喜爱的佐餐食品。二是味道天然。朝鲜族主食以米饭为主，煮饭的铁锅形质特别，锅深底阔收口、铁盖严实、受热均匀，做的米饭颗粒松软晶莹，味道醇香自然，堪称米饭一绝。朝鲜族甚喜喝汤，几乎餐餐必备，汤的种类繁多，总体上有凉汤、热汤之别，一般都清素少油、不爆锅，著名的朝鲜族大酱汤在独特的酱味中蕴含着多种蔬菜的清香味道。狗肉汤、牛肉汤、参鸡汤在熬煮时也基本不加香料，而是在食用时再因个人喜好添加酱料、盐、葱来调味，从而保持了肉的天然滋味。朝鲜族喜欢使用石锅熬制日常汤食的习惯也使得汤味更加醇厚自然。朝鲜族节日食品中糕饼种类丰富多样，主料多为大米、糯米，虽然制作方法各不相同，但绝无多油多糖的油炸、烘烤类，最常吃的有打糕、散状糕、发糕、凉糕、米饼、松饼等，这些糕饼的辅料种类少、不兑油，味道天然纯粹，其代表性糕饼——打糕就是以浓郁的糯米醇香、滑润的劲韧口感而深受人们的喜爱。随着历史的发展，朝鲜族与当地汉族、满族及其他民族的交流与融合不断加深，日渐受到其他民族饮食方式的影响，从食物原料、烹饪方法、饮食风味到饮食习惯都表现出融合性，逐渐形成了独具延边特色的朝鲜族饮食文化习惯。图 1-1 展示了三种朝鲜族特色饮食。

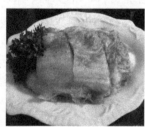

　（a）辣白菜　　　　　　　（b）打糕　　　　　　　　（c）冷面

图 1-1　朝鲜族特色饮食

3.居住习惯

朝鲜族民居最大的特征是根据当地的自然环境和气候条件建造房屋，所以不同地区的房屋形态和结构有所不同，但朝鲜族在房屋建筑上具有独特的偏好，并以此作为选定房址、建筑房屋、设定房屋的布局及空间结构的依据。

（二）汉族

1. 服装穿着传统习惯

汉服即"汉民族传统服饰"的简称。汉服在古代又被称为汉衣冠，汉服在古籍中还多次被称为华服，整体风格给人以清淡平易的印象。汉族古代袍服的主要特征是有着宽松的袍和袖子，虽然形式简约，但每个人都能穿出不一样的风采。汉服的主要特征是兼用交叉式色彩、右衽、襻。[①] 汉服有礼服和平常服的区分，形态方面有分开的上衣下裳、上下连体的深衣、短式襦裙。

从 1840 年鸦片战争到 1919 年五四运动时期，由于西方列强的侵入，中国实施了文化开放，接触了西方的思考方式和文化，最明显的着装打扮变化是出现短发和简便服装。中华民国南京临时政府在 1912 年 3 月 5 日颁发了《大总统令内务部晓示人民一律剪辫文》，以改变旧的封建思想，创建新的社会风气。伴随着代表开化和进步的潮流，各种新式服装登场。

当时，中上层社会的男性不但会搭配长袍和马褂，穿布鞋，戴瓜皮帽，还会搭配中山装和西服，穿皮鞋，戴丝绸帽子。女性会穿高跟鞋和用各种布料制成的旗袍或连衣裙。上层社会的女性一般穿蓼蓝色绣白色碎花的花布衣褂和鞋子。上衣是腰身窄到臀部的右衽衫和右衽袄，其袖子要么是短到露出胳膊肘的长度，要么就是越接近袖口越宽松的喇叭式七分袖，裙子长度到小腿上方。像这样简便的着装逐渐成为当时新女性的典型时装。新中国成立后，及至随着改革开放和现代化建设的逐步深入，我国人民

---

① "右衽"指衣襟右掩，"襻"指把衣服的带子系住。

解放思想、开阔眼界、面向世界，积极借鉴和吸收世界各国文化的优点，有力推进了社会主义精神文明建设。从20世纪90年代中期开始，我国时装界出现很多设计师，以中华民族的特色和传统为主题的作品走向世界。设计师搜集传统文化要素，演绎成当代时装作品。这种传承、发扬和创新的创作思想，得到了中国时装业界的赞赏和好评。

2. 饮食文化习惯

汉族的主食多是以大米和面粉为原材料进行加工和制作的。副食有蔬菜、肉类、豆类等。大米常被加工制成蒸糕、汤圆、粽子、打糕等食物，面粉常被加工制成馒头、面条、馄饨、油条、春卷、煎饼等丰富多样的食物。汉族非常注重饮食，多使用炒、煮、烤、蒸、拌等烹饪方法，形成了独具地方特色的美食。汉族的料理结合地方特色被分为了鲁菜、川菜、粤菜、闽菜、苏菜、浙菜、湘菜、徽菜等特色鲜明的菜系。

此外，茶和酒是汉族传统的饮品。酒在汉族悠久的饮食文化历史中占有重要地位。大米做的酒被称为米酒、酒酿或者甜酒，是汉族传统饮食之一。酒还是一种重要的文化交流媒介。在封建社会祭祀神灵和祖先的仪式上，酒是不可或缺的，人们相信酒是人和神灵沟通的媒介。相传早在神农时代，汉族就已经开始喝茶了。原始社会之后茶被用于物物交换，先秦的《诗经》也有记载，汉朝时期茶文化出现，隋朝时期百姓都普遍喝茶，唐朝迎来了茶文化的发展期和繁荣期，茶成为百姓生活中不可或缺的必需品，这个时期出现了茶馆、茶宴、茶会等，出现了有客来访便会以茶会友的礼节，也正是在这一时期茶道传播到了日本。

3. 居住习惯

汉族分布地域辽阔，其传统住房因地域不同而有不同的样式。居住在华北平原的汉族，其传统住房多为砖木结构的平房，院落多为四合院式，以北京四合院为代表；居住在东北的汉族，其传统住房与华北的住房基本相似，区别主要体现在墙壁和屋顶上，即墙壁和屋顶一般都很厚实，主要是为了保暖。无论南方还是北方的汉族，其传统民居都是坐北朝南，注重室内采光；以木梁承重，以砖、石、土砌护墙；以堂屋为中心，以雕梁画栋和装饰屋顶、檐口见长。清朝以后，东北地区的住房格局基本是按汉族习惯布置的，室内格局吸收了一些满族风格。

汉族传统民居的平面布局大部分前后长、左右窄、院落深度大。东北地区汉族的传统民居，根据大小分为大型住宅和小型住宅两类。因为东北早期的住宅居室内，多盘对面炕或万字炕，所以房屋的进深一般比较宽，房子的造型更具稳重浑厚之感。

二、延边地区的文化特征

（一）朝鲜族

在长期发展过程中，朝鲜族融合、吸收了汉族及其他民族的文化，其语言、文字、生活方式、风俗习惯等都发生了重大的变化，形成了独具特色的民族文化。

延边的朝鲜族教育从小学到大学，构成了民族学校教育的体系，学生用本民族语言参加高考。朝鲜族同其他少数民族一样，在入学分数上享受少数民族加分政策，此外，在公务员推荐、劳动者招募等方面都能得到相应的优待。延边虽然地处边陲，但是其教育事业一直都受到教育部的高度重视。1999 年，中央政府将延边大学纳入"211 工程"大学，由此可见国家对朝鲜族民族教育的重视与认可。

延边的朝鲜族长期受到汉文化和其他民族文化的影响，单纯使用朝鲜语的人逐渐减少，混用朝鲜语和汉语逐渐成为地方特色。在文字方面，延边朝鲜族的朝鲜语文字虽然和韩语基本一致，但一部分专有名词吸取了汉语元素。总体而言，延边的朝鲜族在语言文字的使用上受社会性因素、职业性差异的影响，多使用韩国语式、朝鲜语式相结合的语言体系。

朝鲜族民众将歌舞表演作为喜怒哀乐的表达方式，以此增强民族凝聚力，鼓舞人们用积极的态度面对人生。朝鲜族的传统民俗舞包含人生的悲欢，常在举行祭祀仪式或民俗活动的时候进行表演，而且是庆祝节日和庆贺喜庆大事的风俗习惯之一。朝鲜族的舞蹈文化不仅传承原始舞蹈的技艺，而且还根据人名、地名的变换改编了一部分。例如，虽然舞蹈主要反映了朝鲜族的生活，但是人们在传统的民俗舞中融入了新的思想和情感，结合动作上的技巧而创作的民间民俗舞有《扇子舞》《水桶舞》《庆祝丰年》《碟子舞》《红色的云朵》等作品。朝鲜族民众将原本传统的舞蹈加以创新和改良，使之能在新的社会环境和历史条件下很好地传承、变化和发展。

（二）汉族

中国古代教育的起源可以追溯到夏以前。从那之后，私塾教育持续到现代社会。从汉朝开始，官员设立的官学有中央的"太学"，地方设立的学校有"郡学""府学"等，这种学校主要是官员或者文人研修的地方。

汉族在古代创造了灿烂的文化和艺术，政治、军事、哲学、经济、史学、自然科学、文学、艺术等很多领域都诞生了影响力较大的人物和作品。例如，西周时期的文化成果为礼乐文化。这个时期执行的礼仪非常繁杂，据《周礼》记载，有吉、凶、军、宾、嘉五礼，还专门定官职来管理，称为乐官。此外，这一时期还保持着比较完整的教育制度，其内容主要是礼、乐、射、御、书、数，又名六艺，而这些教育内容主要局限于贵族。中国较古老且影响力较大的著作都是在这一时期创作的，如《周易》《尚书》《诗经》《周礼》《乐经》《春秋》等著作。

汉族的舞蹈不仅内容丰富、种类繁多，而且风格各有不同。即使是同一种类的舞蹈，也各具特色。具有独特魅力的舞龙是指舞龙者在龙珠的引导下，手持龙具，随着古乐伴奏，通过人体的运动和姿势的变化完成"龙打滚""龙摆尾""金龙缠玉柱"等造型，以祈求平安和丰收，是极具仪式感的造型舞蹈。此外，在浙江地区流行的舞蹈《百叶龙》形态逼真，仿佛真的龙在云间翱翔。因为南方是水稻的故乡，所以用稻草做出的龙被称为草龙，一般在晚上使用。随着华人移民到世界各地，现在的舞龙文化已经遍及东南亚以及欧洲、美洲、大洋洲各个华人集中的地区，成为中华文化的一个标志。

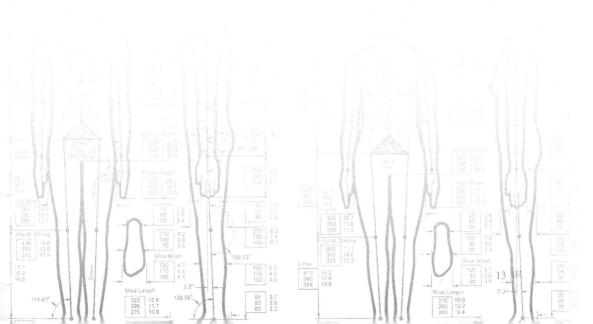

第二章

人体测量和体型的对比方法

13

第一节　人体测量

　　本书对延边地区居住的从青少年到老年的朝鲜族和汉族男性进行了人体测量，以比较分析朝鲜族和汉族各年龄代男性的体型变化；针对延边地区朝鲜族和汉族男性的饮食习惯、生活环境和运动习惯等进行问卷调查，以分析人体体型存在差异的原因。

一、测量的对象及时间

　　本书测量的对象是居住在延边地区的各年龄代朝鲜族和汉族男性共 402 人。各年龄代的选定如下。为了了解男性的体型变化，本书将体型分为初期、成熟期、中年期、老年期等 4 种类型。初期以 10 代为主，为 15 ～ 17 岁，成熟期（20 代）为 22 ～ 27 岁，中年期（40 代）为 40 ～ 49 岁，老年期（60 代）为 60 ～ 69 岁。2011 年 12 月 18 ～ 22 日，笔者在延边大学美术学院挑选 4 人分成两组进行测量者的训练和预备实验。2012 年 1 ～ 3 月进行了第一次正式测量，2012 年 3 ～ 8 月进行了第二次正式测量。

　　测量场所主要有延吉市第一高级中学食堂、延吉市第二高级中学食堂、延边大学美术学院、延吉市职业高级中学、吉林省烟草公司延边分公司活动室、延边博城医疗器械室、延边教育出版社、补习班、饭店、练歌厅、延吉市老年活动中心等。扣除不完全测量项目资料外，可以使用的测量者的研究资料为 394 份。最终的测量对象的年龄分布如表 2-1 所示。

表 2-1 测量对象的年龄分布

年龄代	民族	人数 / 人	百分比 /%
10 代	朝鲜族	49	12.44
	汉族	49	12.44
20 代	朝鲜族	50	12.68
	汉族	49	12.44
40 代	朝鲜族	49	12.44
	汉族	49	12.44
60 代	朝鲜族	50	12.68
	汉族	49	12.44
总计		394	100

二、测量的用具及方法

测量用具是 Martin 的人体测量仪器（Martin's anthropometric instrument）、肩倾角计、体重秤。辅助用具包括尺子、横向中心线、橡胶腰带、基准点标尺使用的胶带、记录用纸等。这些用具为研究提供了准确、连贯的基准点的标志。

测量时，被测者的状态要很好地显示出被测者的身体情况。在测量的过程中，被测者上身穿着薄的针织面料衣服，下身穿着纯棉短裤或薄的混合针织面料短裤。测量时不用控制腰围线，使用薄的计测辅助用的胶带来调节，尽量对准被测者头部，被测者两眼直视正前方，两脚脚跟紧贴并且朝向前方 30 度展开站立，腰背自然挺直，手臂自然下垂，呈正常站立姿态。

三、测量项目

直接测量的测量项目以임순和김상희（2010）的研究为基础，设定基准点和基准线的方法如表 2-2、图 2-1 所示。

表 2-2　直接测量的主要基准点和基准线设定

项目		测量方法
基准点	头正中点	头部中心线最明显点的位置
	颈两侧点	僧帽筋上面棱角颈前点和颈后点连接线的点
	颈前点	在胸骨左右的锁骨端边缘线上的点
	颈后点	第 7 根脊椎的最末端的点
	肩点	肩胛骨的肩膀外面最明显突起的点
	前腋下点	从腋下正面弯曲线到大胸肌下面的这一点
	后腋下点	腋下后面点线到大圆肌下面部位点
	前腰中心点	正面中心线和腰围线碰头点
	后腰中心点	后面中心线和腰围线碰头点
	肚脐点	正面中心线和肚脐碰头点
	臀部突出点	从侧面能看到的臀围线上的突出点
基准线	正中线	身体的左右对称线
	颈围线	经过颈后点、颈侧点、颈前点的曲线
	肩线	连接颈侧点到肩末尾点的线
	括肩围线	从头的正面上腕骨的中垂线移动经过腋下点的线

续表

项目		测量方法
基准线	胸围线	经过左右腋下的围线
	腰围线	正面腰部最里面纤细位置的水平线
	肚脐水平到腰围线	肚脐位置水平围线
	臀围线	臀部最明显的一点的水平围线
	脚围长线	经过臀底点的水平围线
	脚围中间线	经过脚面中间点的水平围线
	膝盖围线	经过膝盖中间点的水平围线
	小腿围线	经过腿肚点的水平围线
	小腿最小围线	经过小腿下面点的最小围线
	脚腕围线	经过脚腕最大外辐射点和内辐射点的线

测量项目包括高度项目 14 项、宽度项目 10 项、厚度项目 5 项、周长项目 16 项、长度项目 19 项、其他项目 2 项，一共 66 项。直接测量项目中的高度、宽度项目如图 2-2 所示，直接测量项目中的周长、厚度项目如图 2-3 所示，直接测量项目中的长度、其他项目如图 2-4 所示，直接测量项目的测量方法如表 2-3 所示。

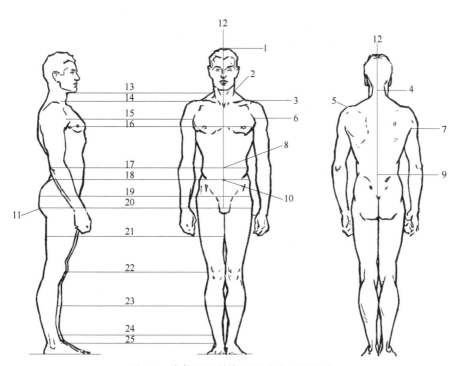

图 2-1　直接测量的主要基准点和基准线

1. 头正中点	8. 前腰中心点	15. 括肩围线	22. 膝盖围线
2. 颈两侧点	9. 后腰中心点	16. 胸围线	23. 小腿围线
3. 颈前点	10. 肚脐点	17. 腰围线	24. 小腿最小围线
4. 颈后点	11. 臀部突出点	18. 肚脐水平到腰围线	25. 脚腕围线
5. 肩点	12. 正中线	19. 臀围线	
6. 前腋下点	13. 颈围线	20. 脚围长线	
7. 后腋下点	14. 肩线	21. 脚围中间线	

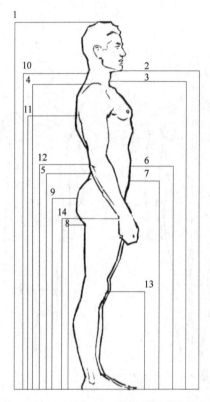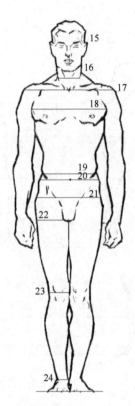

图 2-2　直接测量项目中的高度、宽度项目

1. 身高	7. 臀刺骨高	13. 膝盖高	19. 腰宽
2. 下颚高	8. 裆高	14. 手腕高	20. 肚脐水平腰宽
3. 前颈高	9. 臀高	15. 头宽	21. 臀宽
4. 肩高	10. 后颈高	16. 颈下宽	22. 大腿宽
5. 腰高	11. 腋下高	17. 肩宽	23. 膝盖宽
6. 肚脐水平腰高	12. 胳膊肘高	18. 胸宽	24. 脚腕宽

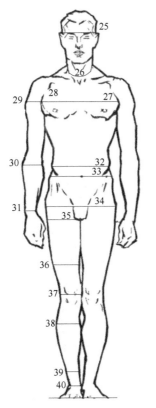
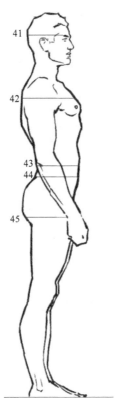

图 2-3 直接测量项目中的周长、厚度项目

25. 头周长	31. 手腕周长	37. 膝盖周长	43. 腰厚度
26. 颈周长	32. 腰周长	38. 小腿周长	44. 肚脐水平腰厚度
27. 胸周长	33. 肚脐水平腰周长	39. 小腿最小周长	45. 臀厚度
28. 腋下周长	34. 臀周长	40. 脚腕周长	
29. 上臂周长	35. 大腿周长	41. 头厚度	
30. 肘部周长	36. 大腿中间部周长	42. 胸厚度	

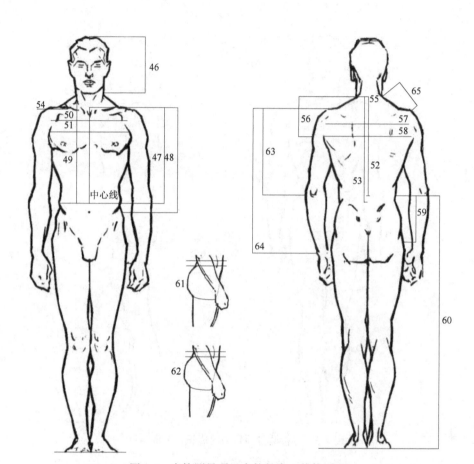

图 2-4　直接测量项目中的长度、其他项目

46. 头部垂直长	51. 腋下长	56. 后颈点到腋下长	61. 腰绕裆的长
47. 前中心长	52. 后背长	57. 腋下后臂之间长	62. 肚脐绕裆的长
48. 肚脐水平长	53. 肚脐水平到背长	58. 腋下后臂折叠之间长	63. 上半臂长
49. 颈侧腰围线长	54. 肩部长	59. 腰到臀部长	64. 臂长
50. 腋前折叠之间长	55. 后颈点到肩部长	60. 腰到脚跟长	65. 肩斜度

表 2-3 直接测量项目的测量方法

	测量项目	测量方法
高度项目	1. 身高	从地面到头的正中心线的垂直距离
	2. 下颚高	从地面到下颚的垂直距离
	3. 前颈高	从地面到颈前点的垂直距离
	4. 肩高	从地面到肩点的垂直距离
	5. 腰高	从地面到后腰中心点的垂直距离
	6. 肚脐水平腰高	从地面到肚脐点的垂直距离
	7. 臀刺骨高	从地面到臀刺骨的垂直距离
	8. 裆高	从地面到裆点的垂直距离
	9. 臀高	从地面到臀部突出点的垂直距离
	10. 后颈高	从地面到颈后点的垂直距离
	11. 腋下高	从地面到后腋下点的垂直距离
	12. 胳膊肘高	从地面到胳膊肘下面的垂直距离
	13. 膝盖高	从地面到膝盖骨中点的垂直距离
	14. 手腕高	从地面到手腕点的垂直距离
宽度项目	15. 头宽	两侧头侧点之间的水平距离
	16. 颈下宽	两侧颈点之间的水平距离
	17. 肩宽	左右肩点之间的水平距离
	18. 胸宽	水平胸围线到胸的左右水平距离
	19. 腰宽	水平腰围线到腰的左右水平距离
	20. 肚脐水平腰宽	水平肚脐围线到腰的左右水平距离
	21. 臀宽	水平臀围线到臀部的左右水平距离
	22. 大腿宽	水平大腿围线之间的距离
	23. 膝盖宽	水平膝盖围线到膝盖左右的水平距离
	24. 脚腕宽	脚腕外辐射点和内辐射点之间的直线距离

续表

测量项目		测量方法
周长项目	25. 头周长	经过眉头点和后脑勺突出点的周长
	26. 颈周长	经过颈下点、右边颈侧点、颈前点、左边颈侧点的周长
	27. 胸周长	经过腋下点的水平周长
	28. 腋下周长	经过两肩点、腋下点的周长
	29. 上臂周长	高举上臂，经过肱二头肌最粗点的周长
	30. 肘部周长	经过胳膊弯曲90度的状态时胳膊肘中心点的周长
	31. 手腕周长	经过两手腕点的周长
	32. 腰周长	经过正面腰点、前腰和后腰中心点的周长
	33. 肚脐水平腰周长	经过肚脐点的水平围长
	34. 臀周长	经过臀部突出点的水平周长
	35. 大腿周长	经过大腿围最大部分的平均距离
	36. 大腿中间部周长	大腿中间部位的水平周长
	37. 膝盖周长	经过膝盖中间点的水平周长
	38. 小腿周长	经过小腿肚的水平周长
	39. 小腿最小周长	经过小腿下面点的最小周长
	40. 脚腕周长	外辐射点和内辐射点经过脚腕的最大周长
厚度项目	41. 头厚度	从眼眶到后脑点的距离
	42. 胸厚度	胸骨中间点水平位置到胸前、胸后的水平距离
	43. 腰厚度	后腰点和前腰点之间的前后水平距离
	44. 肚脐水平腰厚度	水平肚脐点到前后的水平距离
	45. 臀厚度	臀部突出点的水平线到前后的水平距离
长度项目	46. 头部垂直长	从头尖点到下颚的长
	47. 前中心长	从颈前点到腰前点的长
	48. 肚脐水平长	从颈前点到肚脐点的长
	49. 颈侧腰围线长	从颈侧点到乳点经过腰围线的水平长

续表

测量项目		测量方法
长度项目	50. 腋前折叠之间长	两边腋下前折叠点的长
	51. 腋下长	两边腋下前臂点之间长
	52. 后背长	颈后点到腰后点的长
	53. 肚脐水平到背长	从颈后点到肚脐水平腰后点的长
	54. 肩部长	颈侧点到两肩点的长
	55. 颈后点到肩部长	从颈后点到肩点之间的长
	56. 颈后点到腋下长	从颈后点到脊椎后腋下的水平长
	57. 腋下后臂之间长	两边腋下后臂点之间的长
	58. 腋下后臂折叠之间长	两边后腋下折叠点之间的长
	59. 腰到臀部长	腰侧点到臀围突出点的长
	60. 腰到脚跟长	腰侧点到地面的长
	61. 腰绕裆的长	从前腰中心点到裆点经过后腰中心点的长
	62. 肚脐绕裆的长	水平到前腰中心点经过裆点水平到后腰中心点的长
	63. 上半臂长	两肩点到胳膊肘中间点位置的长
	64. 臂长	两肩点经过胳膊肘中间点至手腕外部点的长
其他项目	65. 肩斜度	颈两侧点到肩点的倾斜角度
	66. 体重	身体重量

第二节 调查问卷

一、问卷形式

调查问卷是以简单的抽样资料进行自填的调查方式。调查问卷分为 4 个调查项目：一般项目、饮食习惯、生活环境等生活习惯、运动习惯。问卷共有 34 道题，调查问卷主要以朝鲜语和汉语两种语言呈现，并修改整理使用，最终的调查问卷见附录1、附录2。调查问卷项目构成情况如表2-4所示。

表2-4　调查问卷项目构成情况

领域	序号	项目	项目数
一般项目	1	民族	6
	2	年龄	
	3	兄弟姐妹数	
	4	职业	
	5	共同居住者	
	6	家庭月收入	
饮食习惯	7	一天的用餐次数	14
	8	一天中用餐量最多的时间	
	9	一天中略过用餐的时间	
	10	一天中最重视的用餐时间	
	11	用餐时最重视的因素	
	12	用餐时食物的咸淡	
	13	喜欢的食物	
	14	一天吃零食次数	
	15	吃零食的理由	
	16	零食的种类	14
	17	月平均餐费	
	18	在外就餐次数	
	19	用餐方法	
	20	饮食习惯的整体问题	
生活环境和生活习惯	21	住宅类型	8
	22	用餐场所	
	23	餐桌类型	

续表

领域	序号	项目	项目数
生活环境和生活习惯	24	睡眠场所	8
	25	入睡时间	
	26	一天中平均睡眠时间	
	27	休闲活动	
	28	一天中使用电脑的时间	
运动习惯	29	一天看电视的时间	6
	30	是否利用健身房	
	31	是否进行有规律的运动	
	32	经常运动项目	
	33	每次运动时间	
	34	运动理由	

二、研究对象的特征

为了考察问卷项目的妥当性和应答的便利性，2011 年 11 月 16 ~ 21 日，笔者对延边大学的美术生进行了预备的问卷调查，统计结果后修正并最终确定问卷项目。

问卷调查是对居住在延边地区的朝鲜族和汉族的 10 代、20 代、40 代、60 代男性进行关于他们身体的统计，同时选出 4 名问卷调查者，让他们帮助视力上有问题的 60 代男性进行问卷填写。总问卷调查人数为 402 人，剔除了答案不完整的问卷外，最终被使用的是 394 份完整的问卷。

研究对象的人口统计学特征如表 2-5 所示。从研究对象的年龄来看，10 代 98 人，占 24.9%；20 代 99 人，占 25.1%；40 代 98 人，占 24.9%；60 代 99 人，占 25.1%。

表 2-5　研究对象的人口统计学特征

项目		人数 / 人			百分比 /%
		朝鲜族	汉族	合计	
年龄	10 代	49	49	98	24.9
	20 代	50	49	99	25.1
	40 代	49	49	98	24.9
	60 代	50	49	99	25.1
兄弟姐妹数	0 名	76	57	133	33.8
	1 名	35	42	77	19.5
	2 名	23	34	57	14.5
	3 名及以上	65	62	127	32.2
职业	简单劳动者	20	59	79	20.1
	个体户	11	35	46	11.7
	白领	19	15	34	8.6
	管理者	5	2	7	1.8
	专业职业者	23	5	28	7.1
	学生	73	50	123	31.2
	退休	33	20	53	13.5
	无职业	15	9	24	6.1
共同居住者	父母	59	64	123	31.2
	父母和祖父母	5	1	6	1.5
	父亲	2	4	6	1.5
	母亲	6	4	10	2.5
	祖父	7	1	8	2.0
	祖母	2	0	2	0.5
	妻子	31	31	62	15.7
	子女	39	38	77	19.5

续表

项目		人数 / 人			百分比 /%
		朝鲜族	汉族	合计	
共同居住者	独自	9	2	11	2.8
	亲戚	32	48	80	20.3
	妻子和子女	1	0	1	0.3
	父母、妻子和子女	5	2	7	1.8
	父母和子女	1	0	1	0.3
家庭月收入	1000 元以下	14	11	25	6.3
	1000 ~ 2000 元	28	39	67	17.0
	2001 ~ 3000 元	34	36	70	17.8
	3001 ~ 4000 元	29	22	51	12.9
	4001 ~ 5000 元	25	23	48	12.2
	500 元以上	36	32	68	17.3
	不清楚	33	32	65	16.5

从兄弟姐妹数来看，独生子女是最多的（133 人），占总数的 33.8%。有 1 名兄弟姐妹的人数为 77 人，占 19.5%；有 2 名兄弟姐妹的人数为 57 人，占 14.5%；有 3 名及以上兄弟姐妹的人数为 127 人，占 32.2%。

从职业来看，简单劳动者的人数是 79 人，占 20.1%；个体户的人数是 46 人，占 11.7%；白领的人数是 34 人，占 8.6%；管理者的人数是 7 人，占 1.8%，专业职业者的人数是 28 人，占 7.1%；学生的人数是 123 人，占 31.2%；退休的人数是 53 人，占 13.5%；无职业的人数是 24 人，占 6.1%。

从共同居住者来看，与父母同住的人数是 123 人，占 31.2%，占的比例最高。与亲戚同住的人数是 80 人，占 20.3%；与子女同住的人数是 77 人，占 19.5%；与妻子同住的人数是 62 人，占 15.7%。除此之外，选择其他共同居住方式的人数均较少。

从家庭月收入来看，1000 元以下的人数是 25 人，占 6.3%；1000 ～ 2000 元的人数是 67 人，占 17.0%；2001 ～ 3000 元的人数是 70 人，占 17.8%，占的比例最高；3001 ～ 4000 元的人数是 51 人，占 12.9%；4001 ～ 5000 元的人数是 48 人，占 12.2%；5000 元以上的人数是 68 人，占 17.3%；选择不清楚的人数是 65 人，占 16.5%。

第三节　材料分析

一、人体测量值分析

用 SPSS17.0 对全部测量数据进行分析。使用的分析方法是基础统计、相关分析和 t 检验。对于朝鲜族和汉族 10 代、20 代、40 代、60 代男性的直接测量值，先计算年龄的平均数和标准差，然后以测量项目验证朝鲜族和汉族男性是否存在显著差异，进而分析体型的差异是否显著。

二、体型变化的分析

为了调查朝鲜族与汉族各年龄代男性的体型差异，本次研究进行了方差分析和 Duncan 检验，然后以结果为基础，利用各测量项目的图表比较朝鲜族与汉族的人体各部位的体型差异。

三、问卷调查分析

除了分析朝鲜族与汉族男性在一般项目、饮食习惯、生活环境和生活习惯、运动习惯等 34 个问题上的差异，本次研究还分析了两个民族各年龄代男性的社会环境因素的共同点和不同点。

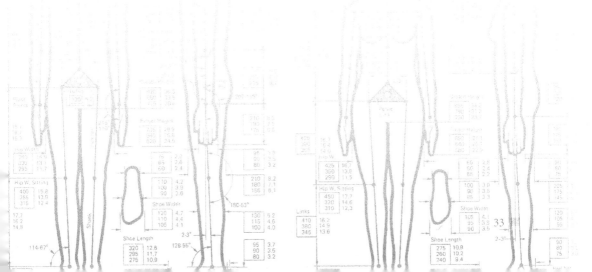

第三章
朝鲜族和汉族各年龄代男性的体型变化分析

第一节 朝鲜族和汉族各年龄代男性的
人体测量值比较

一、10代

朝鲜族和汉族 10 代男性的 66 项人体测量项目的平均数、标准差、t 检验的结果如表 3-1 所示。为了综合比较朝鲜族和汉族 10 代男性的体型，根据 Mollison 的关系偏差折线法，将两个集体区间有意义的差异的结果体现在图 3-1 中。

表 3-1　朝鲜族和汉族 10 代男性的人体测量值比较

测量项目		朝鲜族		汉族		t	p
		平均数/厘米	标准差/厘米	平均数/厘米	标准差/厘米		
高度项目	身高	168.63	6.93	176.47	6.11	-6.009 ***	0.000
	后颈高	142.69	6.65	149.57	6.22	-5.332 ***	0.000
	腋下高	124.23	6.17	130.79	5.36	-5.674 ***	0.000
	胳膊肘高	104.42	4.87	109.16	4.18	-5.218 ***	0.000
	手腕高	84.03	4.61	87.83	3.45	-4.672 ***	0.000
	臀高	85.36	4.70	89.88	4.10	-5.183 ***	0.000

续表

测量项目		朝鲜族		汉族		t	p
		平均数/厘米	标准差/厘米	平均数/厘米	标准差/厘米		
高度项目	裆高	75.00	4.54	78.70	4.15	−4.253 ***	0.000
	下颚高	144.03	6.68	151.80	5.56	−6.318 ***	0.000
	前颈高	137.09	5.85	143.90	5.68	−5.908 ***	0.000
	肩高	137.34	6.18	144.35	5.54	−5.969 ***	0.000
	腰高	107.57	5.10	112.96	4.65	−5.529 ***	0.000
	肚脐水平腰高	99.81	4.96	104.89	4.43	−5.400 ***	0.000
	臀刺骨高	92.89	4.90	97.71	4.91	−4.921 ***	0.000
	膝盖高	46.31	3.01	48.17	3.86	−2.693 **	0.008
宽度项目	头宽	16.33	0.61	16.56	0.65	−1.835	0.070
	颈下宽	11.22	1.22	11.79	1.90	−1.784	0.078
	肩宽	37.66	1.70	38.80	2.08	−3.012 **	0.003
	胸宽	28.36	2.17	29.36	2.75	−2.014 *	0.047
	腰宽	25.80	2.34	26.36	2.48	−1.153	0.252
	肚脐水平腰宽	27.60	2.78	29.24	2.77	−2.957 **	0.004
	臀宽	32.74	2.14	34.17	2.31	−3.190 **	0.002
	大腿宽	14.43	1.51	14.69	1.40	−0.887	0.377
	膝盖宽	10.29	0.96	10.89	0.88	−3.289 ***	0.001
	脚腕宽	6.32	0.56	6.73	0.55	−3.721 ***	0.000
周长项目	头周长	56.66	1.73	56.90	1.82	−0.681	0.498
	颈周长	36.33	2.53	36.43	2.06	−0.221	0.826
	胸周长	88.87	7.92	90.56	8.20	−1.048	0.297
	腰周长	78.03	7.80	79.85	8.89	−1.089	0.279
	肚脐水平腰周长	81.09	9.58	84.48	10.31	−1.703	0.092
	臀周长	95.55	6.98	100.24	7.60	−3.216 **	0.002

续表

测量项目		朝鲜族		汉族		t	p
		平均数/厘米	标准差/厘米	平均数/厘米	标准差/厘米		
周长项目	大腿周长	55.70	5.49	57.37	5.72	-1.498	0.137
	大腿中间部周长	46.70	4.47	48.74	5.83	-1.961	0.053
	膝盖周长	37.58	3.08	39.21	3.20	-2.595*	0.011
	小腿周长	36.02	2.97	37.83	3.53	-2.786**	0.006
	小腿最小周长	23.46	1.42	34.31	1.79	-2.631**	0.010
	脚腕周长	26.04	1.43	27.28	1.69	-3.990***	0.000
	腋下周长	45.34	3.64	47.00	4.18	-2.114*	0.037
	上臂周长	27.44	3.24	28.11	3.89	-0.935	0.352
	肘部周长	24.52	1.79	25.25	2.02	-1.916	0.058
	手腕周长	16.38	0.81	16.80	0.95	-2.397*	0.018
厚度项目	头厚度	17.90	0.70	18.05	0.91	-0.966	0.337
	胸厚度	20.16	2.10	20.67	2.03	-1.240	0.218
	腰厚度	19.49	2.65	20.29	2.80	-1.464	0.146
	肚脐水平腰厚度	19.66	2.74	20.36	2.63	-1.306	0.195
	臀厚度	22.49	2.08	23.64	2.50	-2.497*	0.014
长度项目	头部垂直长	22.73	1.26	23.48	1.30	-2.901**	0.005
	前中心长	31.83	2.37	32.99	2.07	-2.607*	0.011
	肚脐水平长	38.32	3.27	40.30	2.86	-3.211**	0.002
	颈侧腰围线长	39.42	5.69	40.98	2.36	-1.785	0.077
	腋前折叠之间长	35.44	2.47	36.55	2.62	-2.191*	0.031
	腋下长	35.43	2.32	36.55	2.74	-2.208*	0.030
	后颈点到腋下长	18.73	2.11	19.16	2.27	-0.990	0.325
	腋下后臂折叠之间长	39.27	2.59	40.51	1.91	-2.738**	0.007

测量项目		朝鲜族		汉族		t	p
		平均数 / 厘米	标准差 / 厘米	平均数 / 厘米	标准差 / 厘米		
长度 项目	肚脐水平到背长	46.14	2.75	47.60	2.00	-3.038 **	0.003
	后背长	37.46	2.49	38.55	2.90	-2.006 *	0.048
	腋下后臂之间长	36.42	3.39	36.74	3.01	-0.493	0.623
	肩部长	13.35	1.59	13.48	1.24	-0.469	0.640
	后颈点到肩部长	43.02	3.04	44.00	2.96	-1.637	0.105
	上半臂长	32.47	2.17	34.17	2.13	-3.93 ***	0.000
	臂长	55.68	7.35	59.02	4.58	-2.732 **	0.007
	腰到臀部长	22.29	2.38	23.08	2.08	-1.774	0.079
	腰到脚跟长	107.48	5.30	113.24	4.63	-5.786 ***	0.000
	腰绕裆的长	86.55	5.49	91.31	9.47	-3.071	0.061
	肚脐绕裆的长	72.95	5.37	77.99	7.58	-3.842 ***	0.000
其他 项目	体重 / 千克	62.16	11.19	69.09	14.10	-2.722 **	0.008
	肩斜度 / 度	24.11	3.83	22.81	3.96	-1.668	0.098

注：$* p \leqslant 0.05$；$** p \leqslant 0.01$；$*** p \leqslant 0.001$

朝鲜族 10 代男性的人体测量值中标准差在 4.0 厘米（或千克）以上的项目为身高、后颈高、腋下高、胳膊肘高、手腕高、臀高、裆高、下颚高、前颈高、肩高、腰高、肚脐水平腰高、臀刺骨高、胸周长、腰周长、肚脐水平腰周长、臀周长、大腿周长、大腿中间部周长、颈侧腰围线长、臂长、臂长腰到脚跟长、腰绕裆的长、肚脐绕裆的长及体重等 26 项。特别是肚脐水平腰周长、胸周长、腰周长的标准差各为 9.58 厘米、7.92 厘米、7.80 厘米，体重的标准差是 11.19 千克，可以看出，肥胖程度不同，个人差异也会不同。如果高度项目、宽度项目、厚度项目、长度项目上的标准差较小，其个人差异也会较小。

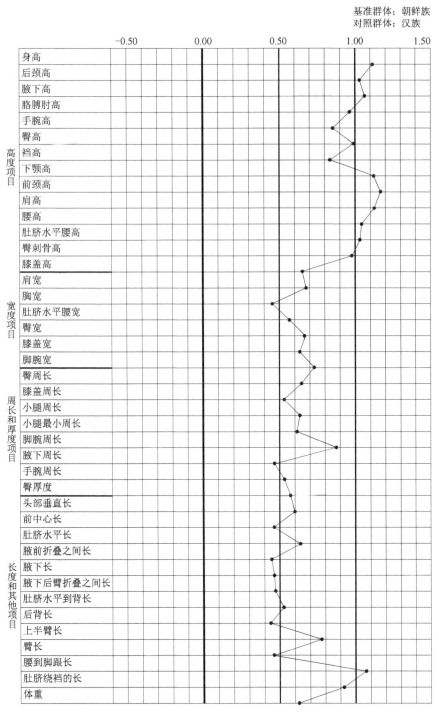

图 3-1　朝鲜族和汉族 10 代男性 Mollison 的关系偏差线

　　汉族 10 代男性的人体测量值中标准差在 4.0 厘米（或千克）以上的项目是身高、后颈高、腋下高、胳膊肘高、臀高、裆高、下颚高、前颈高、肩高、腰高、肚脐水平腰高、臀刺骨高、胸周长、腰周长、肚脐水平腰周长、臀周长、大腿周长、大腿中间部周长、腋下周长、臂长、腰到脚跟长、腰绕裆的长、肚脐绕裆的长、体重等 24 项。肚脐水平腰周长、胸周长、腰周长、臀周长的标准差各为 10.31 厘米、8.20 厘米、8.89 厘米、7.60 厘米，体重的标准差是 14.10 千克，偏差幅度较大，可以看出，肥胖程度不同，个人差异也会有所不同。

　　比较朝鲜族 10 代男性和汉族 10 代男性的人体测量值的结果发现，两组男性在 14 项高度项目上均存在有统计学意义的差异。在 14 项高度项目上，汉族 10 代男性的数值比朝鲜族 10 代男性的数值高。例如，在身高上，汉族 10 代男性平均是 176.47 厘米，朝鲜族 10 代男性平均是 168.63 厘米，汉族 10 代男性比朝鲜族 10 代男性平均高 7.84 厘米。

　　在 10 项宽度项目中，朝鲜族和汉族 10 代男性在肩宽、胸宽、肚脐水平腰宽、臀宽、膝盖宽、脚腕宽 6 项上存在有统计学意义的差异。

　　在 16 项周长项目中，朝鲜族和汉族 10 代男性在臀周长、膝盖周长、小腿周长、小腿最小周长、脚腕周长、腋下周长、手腕周长 7 项上存在有统计学意义的差异。

　　在 5 项厚度项目中，两组男性只在臀厚度上存在有统计学意义的差异。

　　在 19 项长度项目中，朝鲜族和汉族 10 代男性在头部垂直长、前中心长、肚脐水平长、腋前折叠之间长、腋下长、腋下后臂折叠之间长、肚脐水平到背长、后背长、上半臂长、臂长、腰到脚跟长、肚脐绕裆的长 12 项上存在有统计学意义的差异。

在其他项目中，两组男性在体重项目上存在有统计学意义的差异。

综合以上结果来看，朝鲜族 10 代男性和汉族 10 代男性在 66 项人体测量值中的 41 项上存在差异，其差异主要出现在高度项目和长度项目上。和汉族 10 代男性相比，朝鲜族 10 代男性在膝盖高以外的 13 项高度项目上取值较小，其差异在 $p \leq 0.001$ 的水平显著，在长度项目中的上半臂长、腰到脚跟长、肚脐绕裆的长上数值较小，其差异在 $p \leq 0.001$ 的水平显著，在周长项目中的脚腕周长上数值较小，其差异在 $p \leq 0.001$ 的水平显著，在宽度项目中的膝盖宽、脚腕宽上数值较小，其差异在 $p \leq 0.001$ 的水平显著。

二、20 代

朝鲜族和汉族 20 代男性的 66 项人体测量值的平均数、标准差、t 检验结果如表 3-2 所示，将两者之间的差异利用 Mollison 关系偏差折线进行比较，其结果如图 3-2 所示。

表 3-2 朝鲜族和汉族 20 代男性的人体测量值比较

测量项目		朝鲜族		汉族		t	p
		平均数 / 厘米	标准差 / 厘米	平均数 / 厘米	标准差 / 厘米		
高度 项目	身高	168.79	5.85	175.14	5.35	−5.667 ***	0.000
	后颈高	143.34	5.45	149.70	4.89	−6.138 ***	0.000
	腋下高	124.33	4.98	130.39	4.81	−6.191 ***	0.000
	胳膊肘高	104.44	3.92	108.59	4.24	−5.078 ***	0.000

续表

测量项目		朝鲜族		汉族		t	p
		平均数/厘米	标准差/厘米	平均数/厘米	标准差/厘米		
高度项目	手腕高	84.54	3.30	88.11	3.80	−5.010 ***	0.000
	臀高	84.37	5.03	89.26	4.65	−5.031 ***	0.000
	裆高	73.80	4.41	77.89	3.52	−5.111 ***	0.000
	下颚高	144.85	5.39	151.19	5.79	−5.666 ***	0.000
	前颈高	137.05	4.74	142.97	5.24	−5.910 ***	0.000
	肩高	137.84	4.80	143.85	5.13	−6.042 ***	0.000
	腰高	107.00	4.17	112.43	5.05	−5.864 ***	0.000
	肚脐水平腰高	99.08	4.16	103.78	5.03	−5.094 ***	0.000
	臀刺骨高	91.80	4.35	96.52	5.30	−4.859 ***	0.000
	膝盖高	45.32	2.78	48.43	2.94	−5.436 ***	0.000
宽度项目	头宽	16.11	0.80	16.21	0.79	−0.635	0.515
	颈下宽	12.12	1.75	11.84	1.46	−0.861	0.392
	肩宽	38.12	2.27	39.03	1.60	−2.307 *	0.023
	胸宽	29.83	2.71	26.11	2.91	−0.603	0.548
	腰宽	25.91	2.95	26.36	2.48	−0.351	0.726
	肚脐水平腰宽	28.40	3.21	28.60	2.77	−0.327	0.744
	臀宽	32.84	2.37	33.53	2.31	−1.472	0.144
	大腿宽	14.64	1.78	14.71	1.59	−0.213	0.832
	膝盖宽	10.01	1.08	10.43	1.01	−1.914	0.059
	脚腕宽	6.45	0.62	6.53	0.53	−0.552	0.582
周长项目	头周长	56.66	1.84	56.17	1.61	−1.419	0.159
	颈周长	37.45	2.70	37.34	2.29	−0.224	0.823
	胸周长	92.53	9.05	92.37	8.18	−0.093	0.926
	腰周长	79.98	9.30	78.91	8.44	−0.600	0.550

续表

测量项目		朝鲜族		汉族		t	p
		平均数/厘米	标准差/厘米	平均数/厘米	标准差/厘米		
周长项目	肚脐水平腰周长	83.30	10.74	82.69	9.19	−0.308	0.759
	臀周长	95.56	7.40	97.23	6.64	−1.189	0.237
	大腿周长	56.64	5.39	55.43	5.34	−1.124	0.264
	大腿中间部周长	47.85	5.41	47.68	4.19	−0.180	0.858
	膝盖周长	37.17	2.72	37.68	2.52	−0.962	0.338
	小腿周长	36.89	3.35	37.18	3.04	−0.454	0.651
	小腿最小周长	23.12	1.96	23.30	1.28	−0.541	0.590
	脚腕周长	26.21	1.44	26.80	1.56	−1.983 *	0.050
	腋下周长	46.39	4.13	46.99	4.00	−0.738	0.463
	上臂周长	29.10	3.86	28.91	3.66	−0.255	0.799
	肘部周长	25.01	2.15	25.50	2.71	−0.997	0.321
	手腕周长	16.22	0.98	16.41	0.96	−1.002	0.319
厚度项目	头厚度	17.96	0.88	17.80	0.74	−0.933	0.353
	胸厚度	20.38	2.59	21.04	2.41	−1.297	0.198
	腰厚度	20.20	3.04	20.05	3.16	−0.228	0.820
	肚脐水平腰厚度	20 12	3.24	19.81	3.40	−0.463	0.644
	臀厚度	22.40	2.84	22.37	2.61	−0.048	0.962
长度项目	头部垂直长	23.04	1.42	23.20	1.13	−0.623	0.535
	前中心长	31.95	2.26	33.04	1.86	−2.648 **	0.009
	肚脐水平长	39.93	3.26	40.65	2.52	−1.235	0.220
	颈侧腰围线长	40.69	2.60	41.72	2.08	−2.178 *	0.032
	腋前折叠之间长	35.13	2.41	35.67	2.34	−1.130	0.261
	腋下长	35.58	2.76	37.17	2.96	−2.776	0.070
	后颈点到腋下长	18.90	2.20	19.52	2.69	−1.261	0.210

续表

测量项目		朝鲜族		汉族		t	p
		平均数/厘米	标准差/厘米	平均数/厘米	标准差/厘米		
长度项目	腋下后臂折叠之间长	39.77	2.53	41.59	2.25	-3.799 ***	0.000
	肚脐水平到背长	47.09	2.54	48.90	2.81	-3.372 ***	0.001
	后背长	37.13	3.33	37.53	2.54	-0.671	0.504
	腋下后臂之间长	36.35	3.19	36.86	3.14	-0.803	0.424
	肩部长	13.20	1.59	13.93	1.25	-2.542 *	0.013
	后颈点到肩部长	42.84	2.81	43.55	2.43	-1.354	0.179
	上半臂长	32.81	2.53	34.41	2.50	-3.183 **	0.002
	臂长	55.28	6.03	58.31	3.67	-3.032 **	0.003
	腰到臀部长	22.49	2.52	23.25	2.88	-1.402	0.164
	腰到脚跟长	107.17	4.32	112.37	5.19	-5.435 ***	0.000
	腰绕裆的长	88.79	7.37	90.17	7.29	-0.942	0.349
	肚脐绕裆的长	74.48	6.40	75.39	5.93	-0.739	0.462
其他项目	体重/千克	65.45	13.58	66.65	12.38	-0.462	0.645
	肩斜度/度	24.11	3.84	23.32	4.29	-0.970	0.335

注：* $p \leqslant 0.05$；** $p \leqslant 0.01$；*** $p \leqslant 0.001$

朝鲜族20代男性的人体测量值中标准差为4.0厘米（或千克）以上的项目是身高、后颈高、腋下高、臀高、裆高、下颚高、前颈高、肩高、腰高、肚脐水平腰高、臀刺骨高、胸周长、腰周长、肚脐水平腰周长、臀周长、大腿周长、大腿中间部周长、腋下周长、臂长、腰到脚跟长、腰绕裆的长、肚脐绕裆的长、体重等23项。个人差异比较大的项目是周长项目，如胸周长的标准差为9.05厘米，腰周长的标准差为9.30厘米，肚脐水平腰周长的标准差为10.74厘米，臀周长的标准差为7.40厘米，此外，体

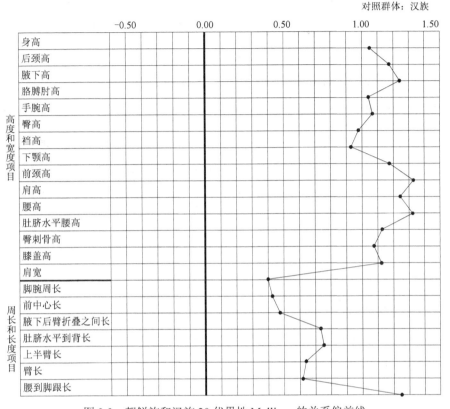

图 3-2 朝鲜族和汉族 20 代男性 Mollison 的关系偏差线

重的标准差为 13.58 千克，偏差幅度较大，产生这种差异的主要原因是肥胖。

汉族 20 代男性的人体测量值中标准差在大于 4.0 厘米（或千克、度）的项目是身高、后颈高、腋下高、胳膊肘高、臀高、下颚高、前颈高、肩高、腰高、肚脐水平腰高、臀刺骨高、胸周长、腰周长、肚脐水平腰周长、臀周长、大腿周长、大腿中间部周长、腰到脚跟长、腰绕裆的长、肚脐绕裆的长、体重、肩斜度等 22 项。标准差尤其大的项目是周长项目，如胸周长的标准差是 8.18 厘米，腰周长的标准差是 8.44 厘米，肚脐水平腰周长的标准差是 9.19 厘米，臀周长的标准差是 6.64 厘米，此外，长度项目中的腰绕裆的长的标准差是 7.29 厘米，体重的标准差是 12.38 千克，可以看出，偏差幅度较大的主要原因是肥胖。

比较朝鲜族和汉族 20 代男性的人体测量值的结果，两组男性在全部 14 项高度项目上都存在有统计学意义的差异。汉族 20 代男性的平均身高为 175.14 厘米，比平均身高是 168.79 厘米的朝鲜族 20 代男性高。此外，下颚高、前颈高、肩高、腰高、肚脐水平腰高、臀刺骨高、裆高、臀高、后颈高、腋下高、胳膊肘高、膝盖高、手腕高的数值均是汉族 20 代男性比朝鲜族 20 代男性高。

在 10 项宽度项目中，朝鲜族和汉族 20 代男性仅在肩宽上出现了有统计学意义的差异，汉族 20 代男性肩宽比朝鲜族 20 代男性肩宽的数值大。

在 16 项周长项目中，朝鲜族和汉族 20 代男性只在脚腕周长上出现了有统计学意义的差异。

在 5 项厚度项目上，两组男性没有出现有统计学意义的差异。

在 19 项长度项目中，朝鲜组和汉族 20 代男性在前中心长、颈侧腰围线长、腋下后臂折叠之间长、肚脐水平到背长、肩部长、上半臂长、臂长、腰到脚跟长等 8 项上出现了有统计学意义的差异，汉族 20 代男性的长度项目的数值比朝鲜族 20 代男性高。

在其他项目中，两组男性在肩斜度和体重上没有出现有统计学意义的差异。

综合以上结果来看，朝鲜族 20 代男性和汉族 20 代男性在 66 项人体测量值的 24 项上存在差异。与汉族 20 代男性相比，朝鲜族 20 代男性在所有高度项目上的数值均较低，$p \leqslant 0.001$，脚腕周长、肩宽在 $p \leqslant 0.05$ 水平上的数值较小。在长度项目上，跟 10 代男性有所不同的是，朝鲜族和汉族 20 代男性的肚脐绕裆的长不存在差异。表 3-3 所示的数据对本研究确定身高测量值有一定参考价值。

表 3-3　不同测量年度的汉族和少数民族 20 代男性的身高均值　　单位：厘米

项目	2000 年		2007 年						2012 年	
	朝鲜族	汉族	回族	蒙古族	壮族	藏族	土家族	满族	朝鲜族	汉族
身高	167.0	171.8	171.0	169.7	165.8	167.8	168.5	169.8	168.8	175.1

资料来源：조우균 .2000. 연변조선족과 한, 중 대학생의 식습관 및 영양소 섭취상태 비교 . 학 위논 문（박사），이화여자 대학교：88-96；尚磊，李沪建，江逊，等 . 2007. 不同民族 18～20 岁男青年体型特征比较分析 . 中国公共卫生，23（11）：1324-1325

根据조우균（2000）的研究报告，朝鲜族 20 代男性的平均身高是 167.0 厘米，汉族 20 代男性的平均身高是 171.8 厘米，本次研究的数据是朝鲜族 20 代男性的平均身高是 168.79 厘米，汉族 20 代男性的平均身高是 175.14 厘米。经过 10 多年的变化，朝鲜族增加了 1.79 厘米，汉族增加了 3.34 厘米，从中可以看出，朝鲜族和汉族的身高都有所增加，而汉族的增加幅度比朝鲜族大。

三、40 代

朝鲜族和汉族 40 代男性的 66 项人体测量值的平均值、标准差、t 检验结果如表 3-4 所示。在两个集群的比较上，将存在有意义差异的结果依照 Mollison 的关系偏差折线来表现（图 3-3）。

表 3-4　朝鲜族和汉族 40 代男性的人体测量值比较

测量项目		朝鲜族		汉族		t	p
		平均数 / 厘米	标准差 / 厘米	平均数 / 厘米	标准差 / 厘米		
高度项目	身高	166.77	5.13	170.30	4.87	−3.527 ***	0.001
	后颈高	142.10	4.86	145.75	4.72	−3.812 ***	0.000
	腋下高	123.00	4.18	125.73	5.13	−2.909 **	0.004
	胳膊肘高	104.10	4.27	106.80	4.40	−3.113 **	0.002
	手腕高	84.09	3.57	86.40	4.25	−2.951 **	0.004
	臀高	83.99	3.37	86.48	3.57	−3.591 ***	0.001
	裆高	72.92	3.05	74.87	3.31	−3.591 **	0.003
	下颚高	142.73	5.05	146.17	5.12	−3.386 ***	0.001
	前颈高	136.02	4.87	139.22	5.13	−3.200 **	0.002
	肩高	136.73	4.69	140.18	4.68	−3.680 ***	0.000
	腰高	106.23	4.02	108.84	3.77	−3.349 ***	0.001
	肚脐水平腰高	97.77	4.07	100.30	3.41	−3.370 ***	0.001
	臀刺骨高	91.36	3.86	92.91	3.60	−2.068 *	0.041
	膝盖高	45.10	2.96	48.19	2.79	−1.896	0.061
宽度项目	头宽	16.30	0.77	16.36	0.75	−0.396	0.693
	颈下宽	11.44	1.60	11.72	1.36	−0.931	0.354
	肩宽	38.65	2.15	39.15	1.96	−1.223	0.224
	胸宽	30.16	1.93	31.40	2.43	−2.830 **	0.006
	腰宽	27.90	2.22	29.44	2.74	−3.079 **	0.003
	肚脐水平腰宽	29.47	1.99	31.60	2.67	−4.553 ***	0.000
	臀宽	33.19	1.54	34.79	1.93	−4.597 ***	0.000
	大腿宽	14.41	1.48	15.01	1.43	−2.007 *	0.040

测量项目		朝鲜族		汉族		t	p
		平均数 /厘米	标准差 /厘米	平均数 /厘米	标准差 /厘米		
宽度 项目	膝盖宽	10.37	0.83	11.23	0.92	-4.875 ***	0.000
	脚腕宽	6.53	0.67	6.74	0.50	-1.886	0.062
周长 项目	头周长	56.50	1.75	56.49	1.84	-0.028	0.978
	颈周长	37.57	2.21	38.61	2.52	-2.179 *	0.032
	胸周长	94.74	5.34	99.44	7.78	-3.516 ***	0.001
	腰周长	86.23	6.67	90.46	10.19	-2.455 *	0.016
	肚脐水平腰周长	89.46	6.88	94.93	9.10	-3.389 ***	0.001
	臀周长	96.47	4.70	101.86	6.47	-4.764 ***	0.000
	大腿周长	54.78	4.23	58.23	4.62	-3.898 ***	0.000
	大腿中间部周长	46.00	4.08	48.84	4.74	-3.207 **	0.002
	膝盖周长	37.61	2.26	39.71	2.63	-4.293 ***	0.000
	小腿周长	36.52	2.31	38.44	3.79	-3.073 **	0.003
	小腿最小周长	23.82	2.21	24.48	1.61	-1.715	0.089
	脚腕周长	26.17	1.38	27.18	1.53	-3.443 ***	0.001
	腋下周长	47.64	4.31	48.08	4.85	-0.477	0.634
	上臂周长	29.32	2.41	31.08	2.68	-3.454 ***	0.001
	肘部周长	25.64	1.88	27.06	1.99	-3.658 ***	0.000
	手腕周长	16.96	1.16	17.57	0.86	-3.010 **	0.003
厚度 项目	头厚度	17.86	0.74	18.27	0.83	-2.645 **	0.010
	胸厚度	21.56	1.82	23.19	2.19	-4.056 ***	0.000
	腰厚度	22.79	2.76	24.74	3.51	-3.076 **	0.003
	肚脐水平腰厚度	23.07	2.79	24.85	3.76	-2.689 **	0.008

测量项目		朝鲜族		汉族		t	p
		平均数/厘米	标准差/厘米	平均数/厘米	标准差/厘米		
厚度项目	臀厚度	23.16	2.61	25.07	2.91	−3.448 ***	0.001
长度项目	头部垂直长	22.78	1.25	23.16	1.13	−1.585	0.116
	前中心长	32.27	2.36	32.85	2.86	−1.104	0.272
	肚脐水平长	40.16	2.97	41.10	3.40	−1.469	0.145
	颈侧腰围线长	41.24	2.63	42.41	2.96	−2.104 *	0.038
	腋前折叠之间长	36.97	2.42	38.23	3.61	−2.065 *	0.042
	腋下长	37.37	3.23	38.41	3.10	−1.634	0.106
	后颈点到腋下长	18.75	2.31	20.08	1.97	−3.097 **	0.003
	腋下后臂折叠之间长	40.32	2.40	41.45	2.38	−2.362 *	0.020
	肚脐水平到背长	47.63	2.90	48.70	3.00	−1.798	0.075
	后背长	38.84	2.84	39.61	2.72	−1.375	0.172
	腋下后臂之间长	37.29	3.17	38.13	3.02	−1.357	0.178
	肩部长	13.72	1.37	14.13	1.47	−1.451	0.150
	后颈点到肩部长	43.19	2.64	44.38	2.82	−2.192 *	0.031
	上半臂长	31.97	1.90	33.22	2.27	−2.990 **	0.004
	臂长	54.07	7.70	57.32	2.78	−2.805 **	0.006
	腰到臀部长	22.06	1.97	23.15	2.76	−2.269 *	0.025
	腰到脚跟长	105.85	4.12	109.10	4.15	−3.938 ***	0.000
	腰绕裆的长	90.04	5.38	94.62	8.27	−3.285 ***	0.001
	肚脐绕裆的长	75.12	5.43	79.18	7.31	−3.150 **	0.002
其他项目	体重/千克	65.11	9.26	74.64	11.68	−4.522 ***	0.000
	肩斜度/度	21.86	3.78	23.16	4.18	−1.629	0.107

注：* $p \leq 0.05$；** $p \leq 0.01$；*** $p \leq 0.001$

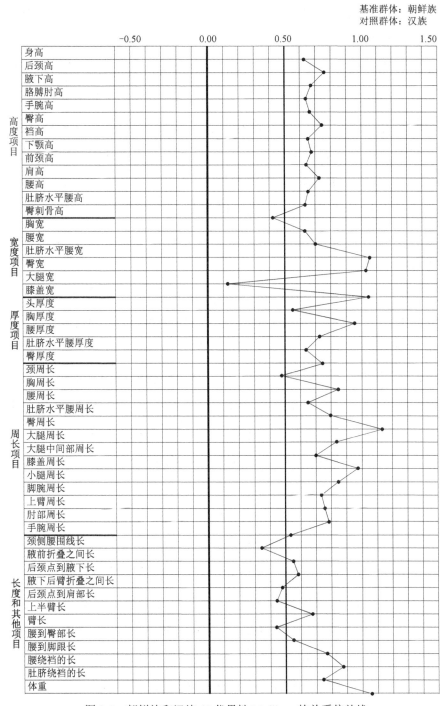

图 3-3　朝鲜族和汉族 40 代男性 Mollison 的关系偏差线

　　朝鲜族40代男性的人体测量值中标准差大于4.0厘米（或千克）的项目是身高、后颈高、腋下高、胳膊肘高、下颚高、前颈高、肩高、腰高、肚脐水平腰高、胸周长、腰周长、肚脐水平腰周长、臀周长、大腿周长、大腿中间部周长、腋下周长、臂长、腰到脚跟长、腰绕裆的长、肚脐绕裆的长、体重等21项。标准差比较大的项目是周长项目、长度项目和体重项目，腰周长的标准差为6.67厘米，肚脐水平腰周长的标准差为6.88厘米，腰绕裆的长的标准差为5.38厘米，肚脐绕裆的长的标准差为5.43厘米，体重的标准差为9.26千克，可以看出，偏差幅度较大的主要原因是肥胖。

　　汉族40代男性的人体测量值中标准差大于4.0厘米（或千克、度）的项目为身高、后颈高、腋下高、胳膊肘高、手腕高、下颚高、前颈高、肩高、胸周长、腰周长、肚脐水平腰周长、臀周长、大腿周长、大腿中间部周长、腋下周长、腰到脚跟长、腰绕裆的长、肚脐绕裆的长、体重、肩斜度等20项。标准差较大的项目为周长项目、长度项目和体重项目，胸周长的标准差为7.78厘米，腰周长的标准差为10.19厘米，肚脐水平腰周长的标准差为9.10厘米，臀周长的标准差为6.47厘米，腰绕裆的长的标准差为8.27厘米，肚脐绕裆的长的标准差为7.31厘米，体重的标准差为11.68千克，可以看出，偏差幅度较大的主要原因是肥胖。

　　比较朝鲜族40代男性和汉族40代男性的人体测量值的结果，两组男性在14项高度项目中的13项上存在有统计学意义的差异。朝鲜族40代男性的平均身高为166.77厘米，而汉族40代男性的平均身高为170.30厘米，比朝鲜族高3.53厘米。在后颈高、腋下高、胳膊肘高、手腕高、臀高、裆高、下颚高、前颈高、肩高、腰高、肚脐水平腰高、臀刺骨高项目上，汉族 40 代男性的比朝鲜族 40 代男性数值大，两集群男性只在膝盖高上不存在有统计学意义的差异。

在 10 项宽度项目中，两组男性在胸宽、腰宽、肚脐水平腰宽、臀宽、大腿宽、膝盖宽 6 项上存在有统计学意义的差异，并且汉族 40 代男性比朝鲜族 40 代男性的数值大。

在 16 项周长项目中，两组男性在颈周长、胸周长、腰周长、肚脐水平腰周长、臀周长、大腿周长、大腿中间部周长、膝盖周长、小腿周长、脚腕周长、上臂周长、肘部周长、手腕周长等 13 项上存在有统计学意义的差异，汉族 40 代男性比朝鲜族 40 代男性的数值大。

两组男性在 5 项厚度项目上都存在有统计学意义的差异。

在 19 项长度项目中，颈侧腰围线长、腋前折叠之间长、后颈点到腋下长、腋下后臂折叠之间长、后颈点到肩部长、上半臂长、臂长、腰到臀部长、腰到脚跟长、腰绕裆的长、肚脐绕裆的长等 11 项上存在有统计学意义的差异，汉族 40 代男性比朝鲜族 40 代男性的数值大。

在其他项目中，两组男性在休重项目上存在有统计学意义的差异。

总体来讲，朝鲜族 40 代男性和汉族 40 代男性在 66 项人体测量值中的 49 项上存在差异，差异体现在高度项目、宽度项目、周长项目、厚度项目、长度项目、其他项目上。

四、60 代

朝鲜族和汉族 60 代男性的 66 项人体测量值的平均数、标准差、t 检验结果如表 3-5 所示，将两者之间的差异利用 Mollison 关系偏差折线进行比较，其结果如图 3-4 所示。

表 3-5　朝鲜族和汉族 60 代男性的人体测量值比较

测量项目		朝鲜族		汉族		t	p
		平均数/厘米	标准差/厘米	平均数/厘米	标准差/厘米		
高度项目	身高	163.35	5.33	168.90	5.58	−5.085 ***	0.000
	后颈高	139.23	5.48	145.00	5.62	−5.199 ***	0.000
	腋下高	120.18	4.91	125.61	6.45	−4.740 ***	0.000
	胳膊肘高	102.02	3.82	105.46	4.49	−4.119 ***	0.000
	手腕高	82.02	4.22	84.00	4.32	−2.316 ***	0.001
	臀高	81.95	4.08	86.45	4.07	−5.520 ***	0.000
	裆高	71.35	4.31	75.14	3.67	−4.738 ***	0.000
	下颚高	139.27	5.33	144.40	5.41	−4.783 ***	0.000
	前颈高	132.89	4.57	138.09	5.16	−5.332 ***	0.000
	肩高	134.18	4.94	139.08	5.51	−4.685 ***	0.000
	腰高	103.44	4.62	108.90	4.69	−5.872 ***	0.000
	肚脐水平腰高	94.92	4.28	100.20	4.51	−6.101 ***	0.000
	臀刺骨高	88.14	4.45	93.47	4.34	−6.064 ***	0.000
	膝盖高	43.72	3.38	47.09	3.32	−5.024 ***	0.000
宽度项目	头宽	15.99	0.76	15.96	0.73	−0.162	0.872
	颈下宽	10.82	1.28	11.23	1.68	−1.379	0.171
	肩宽	37.11	2.02	38.01	1.96	−2.274 *	0.025
	胸宽	30.22	2.48	30.89	2.69	−1.296	0.198
	腰宽	28.67	2.87	28.79	2.43	−0.237	0.813
	肚脐水平腰宽	30.80	2.31	31.04	2.57	−0.504	0.615
	臀宽	33.18	2.32	34.03	2.15	−1.912	0.059

续表

测量项目		朝鲜族		汉族		t	p
		平均数/厘米	标准差/厘米	平均数/厘米	标准差/厘米		
宽度项目	大腿宽	14.16	1.61	14.35	1.53	-0.598	0.551
	膝盖宽	10.52	0.91	10.77	1.07	-1.262	0.210
	脚腕宽	6.51	0.75	6.60	0.61	-0.659	0.511
周长项目	头周长	56.03	1.59	56.43	2.27	-1.027	0.307
	颈周长	37.47	2.52	37.65	2.20	-0.372	0.711
	胸周长	95.39	6.33	97.60	5.13	-1.912	0.058
	腰周长	88.09	8.64	88.18	6.98	-0.060	0.952
	肚脐水平腰周长	91.90	7.87	91.83	7.59	-0.047	0.963
	臀周长	97.57	5.65	100.03	5.47	-2.212	0.029
	大腿周长	53.47	4.90	55.10	4.82	-1.685	0.095
	大腿中间部周长	44.50	3.78	46.87	4.78	-2.735 **	0.007
	膝盖周长	37.72	2.52	39.27	2.70	-2.961 **	0.004
	小腿周长	35.96	2.57	36.62	2.92	-1.206	0.231
	小腿最小周长	23.52	1.81	23.68	1.99	-0.437	0.663
	脚腕周长	26.25	1.46	26.63	1.70	-1.200	0.233
	腋下周长	46.46	4.51	48.05	3.32	-2.006 *	0.048
	上臂周长	28.07	2.30	29.56	2.41	-3.147 **	0.002
	肘部周长	25.37	1.81	26.70	2.57	-2.998 **	0.003
	手腕周长	16.99	0.91	17.38	0.81	-2.268 *	0.026
厚度项目	头厚度	18.31	0.91	18.26	0.72	-0.330	0.742
	胸厚度	22.57	2.01	22.95	1.84	-0.982	0.329
	腰厚度	23.84	3.63	23.80	2.50	-0.051	0.959
	肚脐水平腰厚度	24.23	3.32	23.87	3.05	-0.568	0.571
	臀厚度	23.88	2.67	24.19	2.49	-0.596	0.553

续表

测量项目		朝鲜族		汉族		t	p
		平均数/厘米	标准差/厘米	平均数/厘米	标准差/厘米		
	头部垂直长	23.17	1.28	23.10	1.60	−0.249	0.804
	前中心长	31.51	2.23	31.60	2.37	−0.178	0.859
	肚脐水平长	39.66	3.54	39.70	3.54	−0.048	0.962
	颈侧腰围线长	40.39	2.66	40.24	2.81	−0.256	0.799
	腋前折叠之间长	36.63	2.26	36.45	2.46	−0.384	0.702
	腋下长	38.40	3.64	38.07	3.26	−0.477	0.634
	后颈点到腋下长	19.08	2.16	20.06	2.44	−2.134 *	0.035
	腋下后臂折叠之间长	39.67	2.41	40.38	3.45	−1.196	0.235
	肚脐水平到背长	47.40	2.41	47.75	3.41	−0.593	0.555
长度项目	后背长	37.45	3.15	38.29	2.63	−1.455	0.149
	腋下后臂之间长	36.13	3.07	37.05	1.95	−1.790	0.076
	肩部长	13.15	1.16	13.26	1.23	−0.484	0.629
	后颈点到肩部长	41.97	2.42	42.36	2.76	−0.754	0.453
	上半臂长	32.06	2.28	33.82	1.61	−4.452 ***	0.000
	臂长	55.28	3.10	58.15	3.40	−4.414 ***	0.000
	腰到臀部长	21.26	2.82	22.35	2.51	−2.038 *	0.044
	腰到脚跟长	104.00	4.24	108.53	4.39	−5.243 ***	0.000
	腰绕裆的长	87.84	10.03	90.67	6.74	−1.657	0.101
	肚脐绕裆的长	73.09	5.66	74.92	5.89	−1.582	0.117
其他	体重/千克	62.79	9.46	67.32	8.62	−2.506 *	0.014
	肩斜度/度	21.32	3.67	23.30	4.71	−2.342 *	0.021

注: * $p \leqslant 0.05$; ** $p \leqslant 0.01$; *** $p \leqslant 0.001$

基准群体：朝鲜族
对照群体：汉族

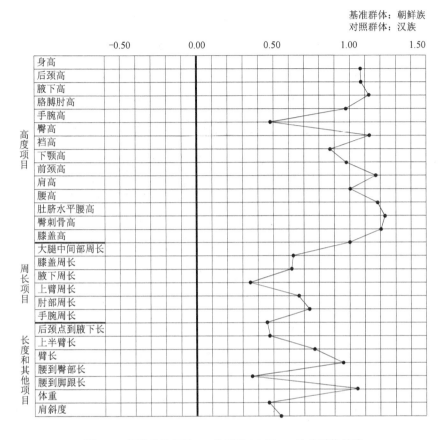

图 3-4　朝鲜族和汉族 60 代男性 Mollison 的关系偏差线

　　朝鲜族 60 代男性的人体测量值中标准差大于 4.0 厘米（或千克）的项目是身高、后颈高、腋下高、手腕高、臀高、裆高、下颚高、前颈高、肩高、腰高、肚脐水平腰高、臀刺骨高、胸周长、腰周长、肚脐水平腰周长、臀周长、大腿周长、腋下周长、腰到脚跟长、腰绕裆的长、肚脐绕裆的长、体重等 22 项。标准差比较大的项目为胸周长 6.33 厘米，腰周长 8.64 厘米，肚脐水平腰周长 7.87 厘米，腰绕裆的长 10.03 厘米，体重 9.46 千克。由此可以看出，差异较大的主要原因是肥胖。

　　汉族 60 代男性的人体测量值中标准差大于 4.0 厘米（或千克、

度）的项目是身高、后颈高、腋下高、胳膊肘高、手腕高、臀高、下颚高、前颈高、肩高、腰高、肚脐水平腰高、臀刺骨高、胸周长、腰周长、肚脐水平腰周长、臀周长、大腿周长、大腿中间部周长、腰到脚跟长、腰绕裆的长、肚脐绕裆的长、体重、肩斜度等 23 项。标准差比较大的项目是腋下高 6.45 厘米，腰周长 6.98 厘米，肚脐水平腰周长 7.59 厘米，腰绕裆的长 6.74 厘米，体重 8.62 千克。由此可以看出，差异较大的主要原因是肥胖。

朝鲜族 60 代男性和汉族 60 代男性的人体测量值的结果表明，两组男性在 14 项高度项目上全都存在有统计学意义的差异，汉族 60 代男性均比朝鲜族 60 代男性的数值大。

在 10 项宽度项目中，除了肩宽这个项目，两组男性之间没有出现有统计学意义的差异。

在 16 项周长项目中，两组男性在 6 项上出现了有统计学意义的差异。在大腿中间部周长、膝盖周长、腋下周长、上臂周长、肘部周长、手腕周长上，汉族 60 代男性比朝鲜族 60 代男性的数值大。

两组男性在 5 项厚度项目上没有出现有统计学意义的差异。

在 19 项长度项目中，两组男性在 5 项，即后颈点到腋下长、上半臂长、臂长、腰到臀部长、腰到脚跟长项目上出现了有统计学意义的差异，汉族 60 代男性比朝鲜族 60 代男性的数值大。

在其他项目中，两组男性在体重、肩斜度 2 项上也出现了有统计学意义的差异，汉族 60 代男性比朝鲜族 60 代男性体重重，汉族 60 代男性比朝鲜族 60 代男性肩斜度大。

综合以上结果来看，朝鲜族 60 代男性和汉族 60 代男性在 66 项人体测量值中的 28 项上存在差异，在所有的高度项目、其他项目以及部分宽度项目、周长项目和长度项目上出现了差异。朝鲜族 60 代男性的高度项目在 $p \leqslant 0.001$ 水平上的数值都比汉族 60 代男性小。

对朝鲜族和汉族各年龄代男性的人体测量结果进行比较，如表 3-6 所示。

表 3-6　汉族和朝鲜族各年龄代男性的人体测量差异对比

年龄代	测量项目	存在差异的项目
10 代、20 代、60 代	高度	所有 14 项高度项目
40 代	高度	除膝盖高外的 13 项高度项目
10 代	宽度	肩宽、胸宽、肚脐水平腰宽、臀宽、膝盖宽、脚腕宽
20 代、60 代	宽度	肩宽
40 代	宽度	胸宽、腰宽、肚脐水平腰宽、臀宽、大腿宽、膝盖宽
10 代	周长	臀周长、膝盖周长、小腿周长、小腿最小周长、脚腕周长、腋下周长、手腕周长
20 代	周长	脚腕周长
40 代	周长	颈周长、胸周长、腰周长、肚脐水平腰周长、臀周长、大腿周长、大腿中间部周长、膝盖周长、小腿周长、脚腕周长、上臂周长、肘部周长、手腕周长
60 代	周长	大腿中间部周长、膝盖周长、腋下周长、上臂周长、肘部周长、手腕周长
10 代	厚度	臀厚度
20 代、60 代	厚度	无
40 代	厚度	所有 5 项厚度项目
10 代	长度	头部垂直长、前中心长、肚脐水平长、腋前折叠之间长、腋下长、腋下后臂折叠之间长、肚脐水平到背长、后背长、上半臂长、臂长、腰到脚跟长、肚脐绕裆的长
20 代	长度	前中心长、颈侧腰围线长、腋下后臂折叠之间长、肚脐水平到背长、肩部长、上半臂长、臂长、腰到脚跟长
40 代	长度	颈侧腰围线长、腋前折叠之间长、后颈点到腋下长、腋下后臂折叠之间长、后颈点到肩部长、上半臂长、臂长、腰到臀部长、腰到脚跟长、腰绕裆的长、肚脐绕裆的长
60 代	长度	后颈点到腋下长、上半臂长、臂长、腰到臀部长、腰到脚跟长
10 代、40 代	其他	体重

续表

年龄代	测量项目	存在差异的项目
20 代	其他	无
60 代	其他	体重、肩斜度

高度项目与年龄代无关，朝鲜族和汉族的尺寸差异是一样的，而周长项目、厚度项目、体重随着年龄的增加差异变大。可以看出，高度项目是以骨骼为中心体现的，所以对其影响较大的是遗传因素。但是汉族和朝鲜族的周长项目、厚度项目、体重差异是随着年龄的增加变化较大，与高度项目不同的是，这与饮食种类、吃零食的习惯、用餐类型、食物的咸淡等生活习惯的差异有关。

第二节　不同年龄代朝鲜族男性的人体测量值比较

为了检验不同年龄代朝鲜族男性的 66 项人体测量值的差异，本节实施了一元方差分析和 Duncan 检验，结果如下。

一、高度项目

14 项高度项目中有 10 项在 $p \leqslant 0.001$ 水平存在年龄代差异，有 3 项在 $p \leqslant 0.01$ 水平存在年龄代差异，只有胳膊肘高在 $p \leqslant 0.05$ 水平存在年龄代差异。从身高、后颈高、腋下高、胳膊肘高、手腕高、臀高、裆高、下颚高、前颈高、肩高、肚脐水平腰高、腰高、臀刺骨高、膝盖高的数值来看，10 代、20 代、

40 代 ＞ 60 代。

对于出现有统计学意义的差异的项目，通过 Duncan 检验进行事后检验，在高度项目身高、后颈高、腋下高、胳膊肘高、手腕高、臀高、下颚高、前颈高、肩高、腰高、臀刺骨高、膝盖高上，10 代、20 代、40 代没有出现明显差异，但这些年龄代与 60 代存在差异。在肚脐水平腰高、裆高上，10 代、20 代没有出现差异，而 40 代和 60 代存在差异。整体上看，年轻一代比 40 代、60 代在高度项目上的数值高。

二、宽度项目

在 10 项宽度项目中，颈下宽、胸宽、腰宽、肚脐水平腰宽在 $p \leqslant 0.001$ 水平，肩宽在 $p \leqslant 0.01$ 水平存在有统计学意义的差异。没有出现有统计学意义的差异的臀宽和大腿宽为 40 代 ＞ 60 代 ＞ 20 代 ＞ 10 代的顺序，可以看出 40 代宽度最大，10 代宽度最小。

颈下宽是 20 代 ＞ 40 代 ＞ 60 代，肩宽是 40 代 ＞ 60 代，胸宽是 60 代、40 代、20 代 ＞ 10 代，腰宽是 60 代 ＞ 20 代，60 代 ＞ 10 代，40 代 ＞ 20 代，40 代 ＞ 10 代，肚脐水平腰宽是 60 代 ＞ 40 代 ＞ 20 代、10 代的顺序。10 代和 40 代在颈下宽上没有出现有统计学意义的差异，但是 10 代、40 代、20 代与 60 代出现了有统计学意义的差异。20 代和 40 代在肩宽上没有出现有统计学意义的差异，但 20 代、40 代与 10 代、60 代出现了有统计学意义的差异。在腰宽上，10 代和 20 代、40 代和 60 代没有出现有统计学意义的差异，但腰宽项目在 10 代、20 代和 40 代、60 代的比较上有差异。20 代和 60 代在胸宽上没有出现有统计学意义的差异，但在 10 代和 40 代出现了有统计学意义的差异。在肚脐水平腰宽上，10 代与 20 代没有出现有统计学意义的差异，但是 40 代与 60 代出现了有统计学意义的差异。大体来说，年龄越大，宽度项目数值越大。

三、周长项目

16 项周长项目中有 9 项在年龄代上存在有统计学意义的差异。其中，胸周长、腰周长、肚脐水平腰周长、手腕周长在 $p \leqslant 0.001$ 水平存在有统计学意义的差异，大腿中间部周长、上臂周长在 $p \leqslant 0.01$ 水平存在有统计学意义的差异，颈周长、大腿周长、肘部周长在 $p \leqslant 0.05$ 水平存在有统计学意义的差异。没有出现年龄差异的部位有头周长、臀周长、小腿最小周长、脚腕周长、腋下周长、膝盖周长、小腿周长。颈周长、胸周长是 60 代、40 代、20 代 > 10 代，腰周长、肚脐水平腰周长、手腕周长是 60 代、40 代 > 20 代、10 代，大腿周长、大腿中间部周长是 20 代、10 代 > 40 代、60 代，上臂周长是 40 代、20 代 > 10 代，肘部周长是 40 代、60 代 > 10 代。

虽然在颈周长、胸周长上，20 代、40 代、60 代之间没有出现有统计学意义的差异，但是 10 代和其他年龄代存在有统计学意义的差异。腰周长、肚脐水平腰周长、手腕周长在 10 代与 20 代之间、40 代与 60 代之间没有出现有统计学意义的差异，但是 10 代、20 代和 40 代、60 代之间出现了有统计学意义的差异。在大腿周长、大腿中间部周长上，10 代、20 代、40 代之间没有出现有统计学意义的差异，但是 10 代、20 代、40 代与 60 代之间出现了有统计学意义的差异。在上臂周长、肘部周长上，20 代、40 代、60 代之间没有出现有统计学意义的差异，但 20 代、40 代、60 代与 10 代存在差异。整体上，周长项目与宽度项目一样，年龄越大，数值越大。

四、厚度项目

在 5 项厚度项目中，胸厚度、腰厚度、肚脐水平腰厚度在 $p \leq 0.001$ 水平存在年龄代差异，腰厚度、肚脐水平腰厚度是 60 代、40 代 > 20 代、10 代，臀厚度是 60 代 > 10 代、20 代，胸厚度是 60 代 > 40 代 > 20 代、10 代，头厚度是 60 代 > 20 代、40 代、10 代的顺序，但是 10 代和 20 代的差异极小。

虽然在腰厚度、肚脐水平腰厚度、臀厚度上，10 代和 20 代、40 代和 60 代没有出现有统计学意义的差异，但是 10 代、20 代与 40 代、60 代明确出现了有统计学意义的差异。在胸厚度上，10 代和 20 代没有出现有统计学意义的差异，但是 40 代和 60 代出现了有统计学意义的差异。虽然头厚度在 10 代、20 代、40 代之间没有出现有统计学意义的差异，但是 60 代与其他年龄代之间出现了有统计学意义的差异。并且，厚度项目在除头厚度以外的项目上都是年龄越大，数值越大。

五、长度项目

19 项长度项目中有 6 项存在有统计学意义的年龄代差异。腋前折叠之间长、腋下长、腰到脚跟长在 $p \leq 0.001$ 水平差异显著，肚脐水平长、肚脐水平到背长、后背长是在 $p \leq 0.05$ 水平存在有统计学意义的差异。头部垂直长、前中心长、颈侧腰围线长、后颈点到腋下长、腋下后臂折叠之间长、腋下后臂之间长、肩部长、后颈点到肩部长、上半臂长、臂长、腰到臀部长、腰绕裆的长、肚脐绕裆的长的年龄代差异极小。肚脐水平长是 40 代、60 代、20 代＞ 10 代，腋前折叠之间长、腋下长是 40 代、60 代＞ 20 代、10 代，肚脐水平到背长是 40 代、60 代＞ 10 代，后背长是 40 代＞ 10 代、20 代、60 代，腰到脚跟长是 10 代、20 代、40 代＞ 60 代。

虽然在腋前折叠之间长、腋下长上，10 代和 20 代之间、40 代和 60 代之间没有出现有统计学意义的差异，但是 10 代、20 代和 40 代、60 代两个组出现了有统计学意义的差异。虽然后背长在 10 代、20 代、60 代之间没有出现有统计学意义的差异，但是 40 代与其他三组之间出现了有统计学意义的差异。虽然腰到脚跟长在 10 代、20 代、40 代之间没有出现有统计学意义的差异，但是 60 代与其他三组之间出现了有统计学意义的差异。肚脐水平到背长在 10 代、20 代、40 代和 60 代之间没有出现有统计学意义的差异。

六、其他项目

在其他项目中，肩斜度在 $p \leqslant 0.001$ 水平出现了有统计学意义的年龄代差异，并且是 20 代、10 代＞ 40 代、60 代。在体重项目上，各年龄代朝鲜族男性不存在显著差异。

表 3-7 是中国少数民族男性和延边地区朝鲜族男性的人体测量数值的结果。回族的身高是 171.0 厘米，胸周长是 83.7 厘米，体重是 61.0 千克；蒙古族的身高是 169.7 厘米，胸周长是 80.9 厘米，体重是 62.6 千克；壮族的身高是 165.8 厘米，胸周长是 81.2 厘米，体重是 58.8 千克；藏族的身高是 167.8 厘米，胸周长是

79.0 厘米，体重是 52.1 千克；土家族的身高是 168.5 厘米，胸周长是 82.1 厘米，体重是 61.8 厘米；满族的身高是 169.8 厘米，胸周长是 85.6 厘米，体重是 62.5 千克。本次研究的 20 代朝鲜族的研究结果为朝鲜族男性的身高是 168.79 厘米，胸周长 92.53 厘米，体重是 65.45 千克，所以除了身高，在胸周长和体重上，朝鲜族在这几个少数民族当中数值是最大的（表 3-8）。

表 3-7　中国部分少数民族男性人体测量均值

项目	2007 年					2012 年	
	回族	蒙古族	壮族	藏族	土家族	满族	朝鲜族
身高 / 厘米	171.0	169.7	165.8	167.8	168.5	169.8	168.79
胸周长 / 厘米	83.7	80.9	81.2	79.0	82.1	85.6	92.53
体重 / 千克	61.0	62.6	58.8	52.1	61.8	62.5	65.45

资料来源：尚磊，李沪建，江逊，等 . 2007. 不同民族 18 ～ 20 岁男青年体型特征比较分析 . 中国公共卫生，23（11）：1324-1325

表 3-8　各年龄代朝鲜族男性人体测量值比较

测量项目		平均数 / 厘米				F
		10 代	20 代	40 代	60 代	
高度项目	身高	168.63a	168.79a	166.77a	163.35b	9.33 ***
	后颈高	142.69a	143.34a	142.10a	139.23b	5.51 **
	腋下高	124.23a	124.33a	123.00a	120.18b	7.17 ***
	胳膊肘高	104.42a	104.44a	104.10a	102.02b	3.72 *
	手腕高	84.03a	84.54a	84.09a	82.02b	4.03 **
	臀高	85.36a	84.37a	83.99a	81.95b	5.45 ***
	裆高	75.00a	73.80ab	72.92bc	71.35c	6.97 ***
	下颚高	144.03a	144.85a	142.73a	139.27b	9.50 ***
	前颈高	137.09a	137.05a	136.02a	132.89b	7.41 ***

续表

测量项目		平均数／厘米				F
		10 代	20 代	40 代	60 代	
高度项目	肩高	137.34a	137.84a	136.73a	134.18b	4.95 **
	腰高	107.57a	107.00a	106.23a	103.44b	8.30 ***
	肚脐水平腰高	99.81a	99.08ab	97.77b	94.92c	12.16 ***
	臀刺骨高	92.89a	91.80a	91.36a	88.14b	10.75 ***
	膝盖高	46.31a	45.32a	45.10a	43.72b	6.17 ***
宽度项目	头宽	16.33a	16.11a	16.30a	15.99b	2.33
	颈下宽	11.22bc	12.12a	11.44b	10.82c	6.78 ***
	肩宽	37.66bc	38.12ab	38.65a	37.11c	5.12 **
	胸宽	28.36b	29.83a	30.16a	30.22a	6.96 ***
	腰宽	25.80b	25.91b	27.90a	28.67a	15.12 ***
	肚脐水平腰宽	27.60c	28.40c	29.47b	30.80a	14.10 ***
	臀宽	32.74a	32.84a	33.19a	33.18a	0.57
	大腿宽	14.43a	14.64a	14.41a	14.16a	0.75
	膝盖宽	10.29a	10.01a	10.37a	10.52a	2.51
	脚腕宽	6.32a	6.45a	6.53a	6.51a	1.08
周长项目	头周长	56.66a	56.66a	56.50a	56.03a	1.49
	颈周长	36.33b	37.45a	37.57a	37.47a	2.77 *
	胸周长	88.87b	92.53a	94.74a	95.39a	8.12 ***
	腰周长	78.03b	79.98b	86.23a	88.09a	17.55 ***
	肚脐水平腰周长	81.09b	83.30b	89.46a	91.90a	16.30 ***
	臀周长	95.55a	95.56a	96.47a	97.57a	1.17
	大腿周长	55.70a	56.64a	54.78b	53.47b	3.62 *
	大腿中间部周长	46.70a	47.85a	46.00ab	44.50b	4.92 **
	膝盖周长	37.58a	37.17a	37.61a	37.72a	0.41

续表

测量项目		平均数 / 厘米				F
		10 代	20 代	40 代	60 代	
周长项目	小腿周长	36.02a	36.89a	36.52a	35.96a	1.22
	小腿最小周长	23.46a	23.12a	23.82a	23.52a	1.17
	脚腕周长	26.04a	26.21a	26.17a	26.25a	0.21
	腋下周长	45.34a	46.39a	47.64a	46.46a	2.55
	上臂周长	27.44b	29.10a	29.32a	28.07ab	4.29 **
	肘部周长	24.52b	25.01ab	25.64a	25.37a	3.22 *
	手腕周长	16.38b	16.22b	16.96a	16.99a	8.28 ***
厚度项目	头厚度	17.90b	17.96b	17.86b	18.31a	3.28 *
	胸厚度	20.16c	20.38c	21.56b	22.57a	13.59 ***
	腰厚度	19.49b	20.20b	22.79a	23.84a	21.68 ***
	肚脐水平腰厚度	19.66b	20.12b	23.07a	24.23a	27.05 ***
	臀厚度	22.49b	22.40b	23.16ab	23.88a	3.60 *
长度项目	头部垂直长	22.73a	23.04a	22.78a	23.17a	1.30
	前中心长	31.83a	31.95a	32.27a	31.51a	0.91
	肚脐水平长	38.32b	39.93a	40.16a	39.66a	3.16 *
	颈侧腰围线长	39.42b	40.69ab	41.24a	40.39ab	2.17
	腋前折叠之间长	35.43b	35.13b	36.97a	36.63a	6.98 ***
	腋下长	35.44b	35.58b	37.37a	38.40a	11.28 ***
	后颈点到腋下长	18.73a	18.90a	18.75a	19.08a	0.27
	腋下后臂折叠之间长	39.27a	39.77a	40.32a	39.67a	1.53
	肚脐水平到背长	46.14b	47.09ab	47.63a	47.40a	3.04 *
	后背长	37.46b	37.13b	38.84a	37.43b	3.31 *
	腋下后臂之间长	36.42a	36.35a	37.29a	36.13a	1.27
	肩部长	13.35a	13.20a	13.72a	13.15a	1.59

续表

测量项目		平均数 / 厘米				F
		10 代	20 代	40 代	60 代	
长度项目	后颈点到肩部长	43.02ab	42.84ab	43.19a	41.97b	1.95
	上半臂长	32.47a	32.81a	31.97a	32.06a	1.52
	臂长	55.68a	55.28a	54.07a	55.28a	0.61
	腰到臀部长	22.29a	22.49a	22.06ab	21.26b	2.44
	腰到脚跟长	107.48a	107.17a	105.85a	104.00b	6.12 ***
	腰绕裆的长	86.55b	88.79ab	90.04b	87.84ab	2.03
	肚脐绕裆的长	72.95a	74.48a	75.12a	73.09a	1.72
其他项目	体重 / 千克	62.16a	65.45a	65.11a	62.79a	1.12
	肩斜度 / 度	24.11a	24.11a	21.86b	21.32b	7.566 ***

注：* $p \leqslant 0.05$；** $p \leqslant 0.01$；*** $p \leqslant 0.001$。a、b、c 分别代表同年龄不同体型的人群 Duncan 检验，$p \leqslant 0.05$

第三节 不同年龄代汉族男性的人体测量值比较

为了检验不同年龄代汉族男性的 66 项人体测量值的差异，本节实施了一元方差分析和 Duncan 检验，结果如表 3-9。

表 3-9 各年龄代汉族男性人体测量数值比较

测量项目		平均数 / 厘米				F
		10 代	20 代	40 代	60 代	
高度项目	身高	176.47a	175.14a	170.30b	168.90b	22.30 ***
	后颈高	149.57a	149.70a	145.75b	145.00b	10.51 ***
	腋下高	130.79a	130.39a	125.73b	125.61b	13.50 ***
	胳膊肘高	109.16a	108.59a	106.80b	105.46b	7.63 ***
	手腕高	87.83ab	88.11a	86.40b	84.00c	11.21 ***

续表

测量项目		平均数 / 厘米				F
		10 代	20 代	40 代	60 代	
高度项目	臀高	89.88a	89.26a	86.48b	86.45b	9.81 ***
	裆高	78.70a	77.89a	74.87b	75.14b	13.80 ***
	下颚高	151.80a	151.19a	146.17b	144.40b	22.41 ***
	前颈高	143.90a	142.97a	139.22b	138.09b	14.14 ***
	肩高	144.35a	143.85a	140.18b	139.08b	12.64 ***
	腰高	112.96a	112.43a	108.84b	108.90b	11.84 ***
	肚脐水平腰高	104.89a	103.78a	100.30b	100.20b	14.72 ***
	臀刺骨高	97.71a	96.52a	92.91b	93.47b	12.93 ***
	膝盖高	48.17a	48.43a	46.19b	47.09ab	5.04 **
宽度项目	头宽	16.56a	16.21bc	16.36ab	15.96c	5.83 ***
	颈下宽	11.79a	11.84a	11.72a	11.23a	1.50
	肩宽	38.80a	39.03a	39.15a	38.01b	3.58 *
	胸宽	29.36c	26.11bc	31.40a	30.89ab	5.68 ***
	腰宽	26.36b	26.36b	29.44a	28.79a	20.23 ***
	肚脐水平腰宽	29.24b	28.60b	31.60a	31.04a	14.05 ***
	臀宽	34.17ab	33.53b	34.79a	34.03ab	2.82 *
	大腿宽	14.69ab	14.71ab	15.01a	14.35b	1.67
	膝盖宽	10.89ab	10.43c	11.23a	10.77bc	5.41 ***
	脚腕宽	6.73a	6.53a	6.74a	6.60a	1.81
周长项目	头周长	56.90a	56.17a	56.49a	56.43a	1.29
	颈周长	36.43c	37.34b	38.61a	37.65b	7.79 ***
	胸周长	90.56b	92.37b	99.44a	97.60a	16.01 ***
	腰周长	79.85b	78.91b	90.46	88.18a	22.41 ***
	肚脐水平腰周长	84.48b	82.96b	94.93a	91.83a	20.60 ***

续表

测量项目		平均数 / 厘米				F
		10 代	20 代	40 代	60 代	
周长项目	臀周长	100.24a	97.23b	101.86a	100.03a	4.26 **
	大腿周长	57.37ab	55.43bc	58.23a	55.10c	4.31 **
	大腿中间部周长	48.74a	47.68a	48.84a	46.87a	1.80
	膝盖周长	39.21a	37.68b	39.71a	39.27a	5.14 **
	小腿周长	37.83ab	37.18ab	38.44a	36.62b	2.79 *
	小腿最小周长	34.31ab	23.30c	24.48a	23.68bc	5.32 **
	脚腕周长	27.28a	26.80a	27.18a	26.63a	1.80
	腋下周长	47.00a	46.99a	48.08a	48.05a	1.13
	上臂周长	28.11c	28.91bc	31.08a	29.56b	7.65 ***
	肘部周长	25.25b	25.50b	27.06a	26.70a	7.13 ***
	手腕周长	16.80b	16.41c	17.57a	17.38a	17.67 ***
厚度项目	头厚度	18.05ab	17.80b	18.27a	18.26a	3.72 *
	胸厚度	20.67b	21.04b	23.19a	22.95a	18.44 ***
	腰厚度	20.29b	20.05b	24.74a	23.80a	31.63 ***
	肚脐水平腰厚度	20.36b	19.81b	24.85a	23.87a	30.05 ***
	臀厚度	23.64b	22.37c	25.07a	24.19ab	9.21 ***
长度项目	头部垂直长	23.48a	23.20a	23.16a	23.10a	0.83
	前中心长	32.99a	33.04a	32.85a	31.60b	4.36 **
	肚脐水平长	40.30bc	40.65ab	41.10a	39.70c	1.81
	颈侧腰围线长	40.98bc	41.72ab	42.41a	40.24c	6.58 ***
	腋前折叠之间长	36.55b	35.67b	38.23a	36.45b	7.41 ***
	腋下长	36.55b	37.17ab	38.41a	38.07a	3.92 **
	后颈点到腋下长	19.16a	19.52a	20.08a	20.06a	1.79
	腋下后臂折叠之间长	40.51bc	41.59c	41.45b	40.38c	2.98 *

续表

测量项目		平均数 / 厘米				F
		10 代	20 代	40 代	60 代	
长度项目	肚脐水平到背长	47.60b	48.90b	48.70ab	47.75ab	2.66 *
	后背长	38.55ab	37.53b	39.61a	38.29b	5.06 **
	腋下后臀之间长	36.74b	36.86b	38.13a	37.05ab	2.54
	肩部长	13.48bc	13.93ab	14.13a	13.26c	4.70 **
	后颈点到肩部长	44.00a	43.55a	44.38a	42.36b	5.08 **
	上半臂长	34.17a	34.41a	33.22b	33.82ab	2.88 *
	臂长	59.02a	58.31ab	57.32b	58.15ab	1.82
	腰到臀部长	23.08a	23.25a	23.15a	22.35a	1.28
	腰到脚跟长	113.24a	112.37a	109.10b	108.53b	12.88 ***
	腰绕裆的长	90.31b	90.17b	94.62a	90.67b	2.71 *
	肚脐绕裆的长	77.99ab	75.39bc	79.18a	74.92c	4.65 **
其他项目	体重 / 千克	69.09b	66.65b	74.64a	67.32b	4.67 **
	肩斜度 / 度	22.81a	23.32a	23.16a	23.30a	0.15

注：$*p \leqslant 0.05$；$**p \leqslant 0.01$；$***p \leqslant 0.001$。a ＞ b ＞ c：Duncan 检验，$p \leqslant 0.05$

一、高度项目

在 14 项高度项目中，只有膝盖高在 $p \leqslant 0.01$ 水平存在有统计学意义的差异，其余项目都在 $p \leqslant 0.001$ 水平存在有统计学意义的差异。身高、后颈高、腋下高、胳膊肘高、臀高、裆高、下颚高、前颈高、肩高、腰高、肚脐水平腰高、臀刺骨高是 10 代、20 代 ＞ 40 代、60 代，手腕高是 20 代 ＞ 10 代 ＞ 40 代 ＞ 60 代，膝盖高是 20 代、10 代 ＞ 40 代。

在身高、后颈高、腋下高、胳膊肘高、臀高、裆高、下颚高、前颈高、肩高、腰高、肚脐水平腰高、臀刺骨高上，10代和 20 代之间、40 代和 60 代之间没有出现有统计学意义的差异，但是 10 代、20 代和 40 代、60 代两组明确地出现了有统计学意义的差异。虽然手腕高在 10 代与 20 代之间没有出现有统计学意义的差异，但是 40 代和 60 代之间出现了有统计学意义的差异。在膝盖高上，10 代、20 代、60 代三组之间没有出现有统计学意义的差异，但是 40 代与其他三组出现了有统计学意义的差异。整体而言，在高度项目上，年轻一代比 40 代、60 代的数值大。

二、宽度项目

在 10 项宽度项目中，头宽、胸宽、腰宽、肚脐水平腰宽、膝盖宽 5 项是在 $p \leqslant 0.001$ 水平存在有统计学意义的差异，肩宽、臀宽是在 $p \leqslant 0.05$ 水平存在有统计学意义的差异。胸宽、腰宽、肚脐水平腰宽是 40 代、60 代 > 20 代、10 代，头宽是 10 代 > 20 代 > 60 代，膝盖宽、臀宽是 40 代 > 20 代，肩宽是 40 代、20 代、10 代 > 60 代。整体而言，在宽度项目上，40 代和 60 代男性比年轻男性的数值大。

头宽虽在 10 代、20 代、40 代之间没有出现有统计学意义的差异，但在 60 代与其他年龄代间存在有统计学意义的差异。腰宽、肚脐水平腰宽虽然在 10 代和 20 代之间、40 代和 60 代之间没有出现有统计学意义的差异，但在 10 代、20 代和 40 代、60 代两组明显地出现了有统计学意义的差异。肩宽在 10 代、20 代、40 代之间没有出现有统计学意义的差异，但在 60 代与其他年龄代之间存在有统计学意义的差异，胸宽是 40 代和 60 代之间没有出现有统计学意义的差异，但在 10 代与 40 代之间存在有统计学意义的差异。臀宽和膝盖宽在 10 代和 60 代之间没有出现有统计学意义的差异，但是 20 代和 40 代之间存在有统计学意义的差异。

三、周长项目

16 项周长项目中的 12 项在年龄代上存在有统计学意义的差异。颈周长、胸周长、腰周长、肚脐水平腰周长、上臂周长、肘部周长、手腕周长在 $p \leqslant 0.001$ 水平存在有统计学意义的差异，臀周长、小腿最小周长、大腿周长、膝盖周长在 $p \leqslant 0.01$ 水平存在有统计学意义的差异，小腿周长在 $p \leqslant 0.05$ 水平存在有统计学意义的差异。

颈周长是 40 代＞60 代、20 代＞10 代，胸周长、腰周长、肚脐水平腰周长、肘部周长是 40 代、60 代＞20 代、10 代，臀周长、膝盖周长是 40 代、60 代、10 代＞20 代，手腕周长是 40 代、60 代＞10 代、20 代，上臂周长是 40 代＞60 代＞10 代，大腿周长是 40 代＞20 代＞60 代，小腿周长是 40 代＞60 代，小腿最小周长是 40 代＞20 代。

胸周长、腰周长、肚脐水平腰周长、肘部周长在 10 代和 20 代之间、40 代和 60 代之间没有出现有统计学意义的差异，但两组间存在有统计学意义的差异。颈周长在 20 代和 60 代之间没有出现有统计学意义的差异，但是在 10 代、40 代之间出现了有统计学意义的差异。臀周长、膝盖周长在 10 代、40 代、60 代之间没有出现有统计学意义的差异，但这三组和 20 代之间出现了有统计学意义的差异。大腿周长在 40 代和 60 代之间出现了有统计学意义的差异。小腿周长在 10 代和 20 代之间没有出现有统计学意义的差异，但是在 40 代和 60 代之间出现了有统计学意义的差异。上臂周长在 20 代和 40 代之间没有出现有统计学意义的差异，但是在 10 代和 60 代之间没有统计学意义的差异。小腿最小周长在 10 代和 40 代之间、20 代和 60 代之间没有出现有统计学意义的差异，但 20 代和 40 代之间存在有统计学意义的差异。手腕周长在 10 代和 20 代之间无明显差异，但 10 代、20 代和 40 代、60 代之间存在有统计学意义的差异。

四、厚度项目

在 5 项厚度项目中，除了头厚度，其他 4 项在 $p \leqslant 0.001$ 水平存在有统计学意义的差异，头厚度在 $p \leqslant 0.05$ 水平存在有统计学意义的差异。胸厚度、腰厚度、肚脐水平腰厚度、头厚度是 60 代、40 代 ＞ 10 代、20 代，臀厚度是 40 代、60 代 ＞ 10 代 ＞ 20 代的顺序。整体而言，40 代和 60 代男性厚度项目数值比年轻男性的数值大。

胸厚度、头厚度、腰厚度、肚脐水平腰厚度在 10 代和 20 代之间、40 代和 60 代之间没有出现有统计学意义的差异，但在两组间出现了有统计学意义的差异。臀厚度在 40 代和 60 代之间没有出现有统计学意义的差异，但在 10 代与 20 代之间出现了有统计学意义的差异。

五、长度项目

19 项长度项目中有 13 项在年龄代之间存在差异。其中，颈侧腰围线长、腋前折叠之间长、腰到脚跟长在 $p \leqslant 0.001$ 水平存在有统计学意义的差异。前中心长、腋下长、后背长、肩部长、后颈点到肩部长、肚脐绕裆的长在 $p \leqslant 0.01$ 水平存在有统计学意义的差异。腋下后臂折叠之间长、肚脐水平到背长、上半臂长、腰绕裆的长在 $p \leqslant 0.05$ 水平存在有统计学意义的差异。

颈侧腰围线长、肩部长是 40 代 > 10 代 > 60 代，腋下长是 40 代、60 代 > 10 代，后背长是 40 代 > 20 代、60 代，前中心长、后颈点到肩部长是 20 代、10 代、40 代 > 60 代，肚脐水平到背长是 20 代 > 40 代 > 60 代 > 10 代、10 代，肚脐绕裆的长是 40 代 > 20 代 > 60 代，上半臂长是 20 代、10 代 > 40 代，腰到脚跟长是 10 代、20 代 > 40 代、60 代，腋前折叠之间长、腰绕裆的长是 40 代 > 60 代、10 代、20 代。腋下后臂折叠之间长是 20 代 > 40 代 > 10 代 > 60 代。

前中心长、后颈点到肩部长在 10 代、20 代、40 代之间没有出现有统计学意义的差异，但是这三组和 60 代之间出现了有统计学意义的差异。腋下长在 40 代与 60 代之间无明显差异，10 代、20 代与 40 代、60 代之间差异明显。腰绕裆的长在 10 代、20 代和 60 代之间无明显差异，40 代与这三组之间差异较明显。后背长在 10 代与 60 代之间无明显差异，40 代与 20 代之间差异较明显。颈侧腰围线长在 20 代、40 代、60 代之间出现了有统计学意义的差异，但是这三组和 10 代之间出现了有有统计学意义的差异。腋前折叠之间长在 40 代、60 代之间出现明显差异，但是与 10 代、20 代之间出现了有统计学意义的差异。上半臂长在 10 代、20 代、60 代之间没有出现有统计学意义的差异，但是 40 代与这三组之间差异较明显。腰到脚跟长在 10 代、20 代之间无明显差异，但是在 40 代与 60 代之间与前两组出现了有统计学意义的差异。

腋下长在 10 代和 20 代之间没有出现有统计学意义的差异，在 40 代和 60 代之间没有统计学意义的差异。肚脐水平到背长在 10 代和 20 代之间没有出现有统计学意义的差异，但在 20 代、40 代和 60 代之间出现了有统计学意义的差异。肚脐绕裆的长在 10 代和 40 代之间、20 代和 60 代之间没有出现有统计学意义的差异，但两组间存在有统计学意义的差异。肩部长在 20 代、40 代之间没有出现有统计学意义的差异，但 40 代和 60 代、10 代之间出现了有统计学意义的差异。腋下后臂折叠之间长在 20 代和 40 代之间、10 代和 60 代之间出现有统计学意义的差异，但两组间存在有统计学意义的差异。

六、其他项目

在其他项目中，体重在 $p \leqslant 0.01$ 水平存在有统计学意义的年龄代差异，肩斜度没有出现有统计学意义的年龄代差异。体重是 40 代 > 10 代、20 代、60 代。体重在 10 代、20 代、60 代之间没有出现有统计学意义的差异，但这三组与 40 代之间存在有统计学意义的差异（表 3-9）。

表 3-10 所示为杨子田、张文斌、张渭源论文中提到的中国华东地区汉族男性人体尺寸和本次研究结果中延边地区 20 代 ～ 60 代汉族男性人体测量值的对比。延边地区 20 代男性与华东地区 20 代男性的身高差为 2.84 厘米，胸周长差为 4.95 厘米，腰周长差为 4.62 厘米，肚脐水平腰周长差为 5.12 厘米，臀周长差为 6.89 厘米，体重差为 5.62 千克。40 代男性的身高差为 1.09 厘米，胸周长差为 10.40 厘米，腰周长差为 12.02 厘米，肚脐水平腰周长差为 14.02 厘米，臀周长差为 11.17 厘米，体重差为 12.94 千克。

60 代男性的身高差为 1.92 厘米，胸周长差为 4.77 厘米，腰周长差为 3.57 厘米，肚脐水平腰周长差为 6.49 厘米，臀周长差为 7.92 厘米，体重差为 2.36 千克。所有项目均是延边地区男性比华东地区男性的数值大。在身高上，20 代比 40 代、60 代的数值大，在周长和体重上，40 代、60 代总体上比 20 代数值大。本次研究的测量值与 2000 年汉族男性的所有项目的测量值相比都出现了增加的现象，可以看出这与崔成真国民收入与身高有较密切关系的研究结果是一致的。

表 3-10　华东地区和延边地区汉族男性人体测量均值

项目	华东地区（2000 年）			延边地区（2012 年）		
	20 代	40 代	60 代	20 代	40 代	60 代
身高 / 厘米	172.30	169.21	166.98	175.14	170.30	168.90
胸周长 / 厘米	87.42	89.04	92.84	92.37	99.44	97.61
腰周长 / 厘米	74.29	78.43	84.61	78.91	90.45	88.18
肚脐水平腰周长 / 厘米	77.56	80.91	85.34	82.68	94.93	91.83
臀周长 / 厘米	90.34	90.69	92.11	97.23	101.86	100.03
体重 / 千克	61.03	61.70	64.96	66.65	74.64	67.32

资料来源：杨子田，张文斌，张渭源 . 2006. 我国华东地区成年男子体型分析 . 纺织学报，27（8）：53-56

　　表 3-11 所示是居住在天津、华东地区的 40 代男性和延边地区 40 代男性的人体测量值的结果。天津 40 代男性的身高是 169.51 厘米，腰周长是 88.39 厘米，臀周长是 96.99 厘米，胸周长是 98.07 厘米，华东地区 40 代男性的身高是 169.21 厘米，腰周长是 78.43 厘米，臀周长是 90.69 厘米，胸周长是 89.04 厘米。华东地区男性和天津地区男性相比，虽然身高不存在明显差异，但是腰周长、臀周长、胸周长较小，从数值上看，华东地区的

40 代男性比天津地区的 40 代男性体型偏瘦。

表 3-11 天津、华东地区和延边地区汉族男性的人体测量均值（40 代）

单位：厘米

测量项目	天津（1997 年）	华东地区（2000 年）	延边地区（2012 年）
身高	169.51	169.21	170.30
腰周长	88.39	78.43	90.45
臀周长	96.99	90.69	101.86
胸周长	98.07	89.04	99.44

资料来源：杨子田，张文斌，张渭源．2006.我国华东地区成年男子体型分析.纺织学报，27（8）：53-56；陈思．2011.天津中年男子体型的划分.现代丝绸科学与技术，（3）：95-96

本次研究中的延边地区 40 代汉族男性的身高是 170.30 厘米，腰周长是 90.45 厘米，臀周长是 101.86 厘米，胸周长是 99.44 厘米。本次研究测量年份与华东地区测量年份有 12 年的差距，与天津地区测量年份有 15 年的差距，可以看出周长项目差距很大。

中国饮食多元化对传统饮食的冲击较大，使处于成长时期的 10 代、20 代各项数值有所增长，但是 40 代的腹部尺寸增长较多。这种增长是肥胖因素引起的。

对朝鲜族和汉族男性 10 代、20 代、40 代、60 代之间的人体测量值的差异进行总结，结果如下。

朝鲜族出现年龄代差异的项目是身高、裆高、下颚高、臀高、胳膊肘高、前颈高、后颈高、肩高、腋下高、腰高、肚脐水平腰高、臀刺骨高、手腕高、膝盖高、颈下宽、肩宽、胸宽、腰宽、肚脐水平腰宽、颈周长、腰周长、肚脐水平腰周长、胸周长、大腿周长、大腿中间部周长、手腕周长、上臂周长、肘部周长、头厚度、胸厚度、腰厚度、肚脐水平腰厚度、臀厚度、肚脐水平长、腋前折叠之间长、腋下长、肚脐水平到背长、后背长、腰到脚跟长、肩斜度。其中，高度项目 14 项，宽度项目 5 项，周长项目 9 项，厚度项目 5 项，长度项目 6 项，其他项目 1 项，总共 40 项。

朝鲜族不存在年龄代差异的项目是头宽、臀宽、大腿宽、膝盖宽、脚腕宽、头周长、臀周长、膝盖周长、小腿周长、小腿最小周长、脚腕周长、腋下周长、头部垂直长、前中心长、颈侧腰围线长、后颈点到腋下长、腋下后臂折叠之间长、腋下后臂之间长、肩部长、后颈点到肩部长、上半臂长、臂长、腰到臀部长、肚脐绕裆的长、腰绕裆的长、体重。其中，宽度项目 5 项，周长项目 7 项，长度项目 13 项，其他项目 1 项，总共 26 项。

汉族出现年龄代差异的项目是身高、裆高、下颚高、臀高、前颈高、后颈高、肩高、腋下高、腰高、肚脐水平腰高、胳膊肘高、臀刺骨高、手腕高、膝盖高、头宽、肩宽、胸宽、腰宽、肚脐水平腰宽、臀宽、膝盖宽、颈周长、胸周长、腰周长、肚脐水平腰周长、臀周长、大腿周长、膝盖周长、小腿周长、小腿最小周长、上臂周长、肘部周长、手腕周长、头厚度、胸厚度、腰厚度、肚脐水平腰厚度、臀厚度、前中心长、颈侧腰围线长、腋前折叠之间长、腋下长、腋下后臂折叠之间长、肚脐水平到背长、后背长、肩部长、后颈点到肩部长、上半臂长、腰到脚跟长、腰绕裆的长、肚脐绕裆的长、体重。其中，高度项目 14 项，宽度项目 7 项，周长项目 12 项，厚度项目 5 项，长度项目 13 项，其他项目 1 项，总共 52 项。

汉族没有出现年龄代差异的项目是颈下宽、大腿宽、脚腕宽、头周长、大腿中间部周长、脚腕周长、腋下周长、头部垂直长、肚脐水平长、后颈点到腋下长、腋下后臂之间长、臂长、腰到臀部长、肩斜度。其中，宽度项目 3 项、周长项目 4 项，长度项目 6 项，其他项目 1 项，总共 14 项。

朝鲜族和汉族共同出现年龄代有统计学意义的差异的项目是身高、裆高、下颚高、臀高、前颈高、后颈高、肩高、腋下高、腰高、肚脐水平腰高、胳膊肘高、臀刺骨高、手腕高、膝盖高、肩宽、胸宽、腰宽、肚脐水平腰宽、颈周长、胸周长、腰周长、肚脐水平腰周长、大腿周长、上臂周长、肘部周长、手腕周长、头厚度、腰厚度、肚脐水平腰厚度、胸厚度、臀厚度、腋前折叠之间长、腋下长、肚脐水平到背长、后背长、腰到脚跟长。其中，高度项目 14 项，宽度项目 4 项，周长项目 8 项，厚度项目 5 项，长度项目 5 项，总共 36 项。

第四节　朝鲜族和汉族男性的人体测量值差异比较

不同年龄代朝鲜族和汉族男性的人体测量值差异比较结果如下。

一、高度项目

在高度项目下颚高、胳膊肘高、手腕高、身高、后颈高、腋下高、裆高、臀高、腰高、肚脐水平腰高、臀刺骨高上，40 代、60 代和 10 代、20 代相比出现了很大的差异，如图 3-5 所示。膝盖高在 20 代出现的差异较大，10 代、40 代差异小，60 代和 10 代、40 代相比差异增大。40 代的年龄仅与高度项目中的膝盖高高度有关。

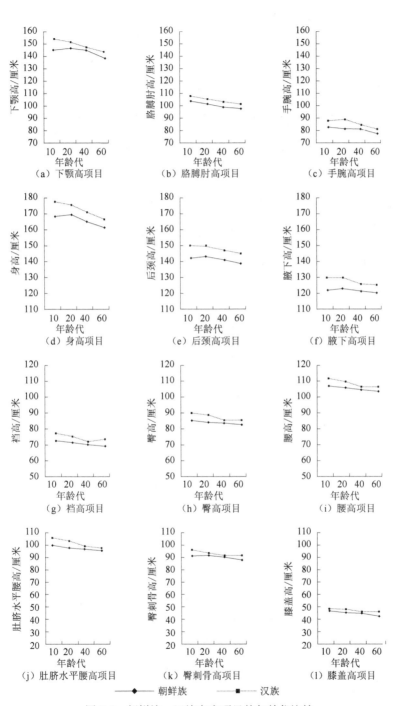

图 3-5 朝鲜族、汉族高度项目的年龄代比较

二、宽度项目

就宽度项目而言，在肩宽项目上，10 代、20 代的差异较大，在胸宽、臀宽、腰宽、肚脐水平腰宽上 40 代的差异最大，在臀宽、肚脐水平腰宽上，10 代的差异也较大，而 20 代、60 代的差异较小（图 3-6）。分析以上结果可以看出，汉族男性的肩宽、胸宽、臀宽、腰宽、肚脐水平腰宽比朝鲜族男性的宽。这与金玉京的研究结果一致，延边虽然是朝鲜族自治州，但是朝鲜族和汉族的社会活动都很活跃，并且他们一般会觉得胖体型的男性比瘦体型的男性在社会上的地位高。

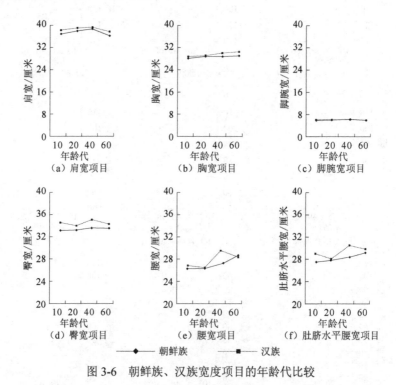

图 3-6　朝鲜族、汉族宽度项目的年龄代比较

三、周长项目

在小腿周长、小腿最小周长、脚腕周长、膝盖周长、臀周长

上，10代、40代朝鲜族与汉族之间出现了较大的差异，20代朝鲜族与汉族之间没有出现明显的差异。在大腿中间部周长上，20代和40代朝鲜族与汉族之间没有出现明显的差异，但10代和60代朝鲜族与汉族之间出现了较大的差异（图3-7），60代和10代、40代相比，只有很小的差异。在胸周长、腰周长、肚脐水平腰周长上，10代、40代、60代汉族与朝鲜族的差异较大，而且40代存在的差异是最大的，20代汉族与朝鲜族之间的差异较小。

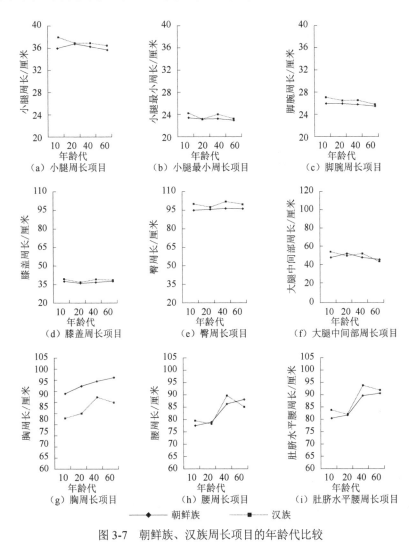

图3-7 朝鲜族、汉族周长项目的年龄代比较

四、厚度项目

厚度项目是从胸厚度、腰厚度、肚脐水平腰厚度、臀厚度这些项目进行比较，结果如下：朝鲜族和汉族男性的厚度项目在40代存在较大的差异（图3-8）。在臀厚度上，10代、40代朝鲜族和汉族之间的差异较大，20代、60代朝鲜族和汉族之间的差异较小。

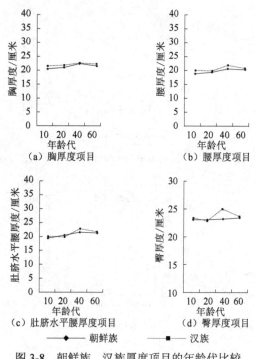

（a）胸厚度项目　　　　　　（b）腰厚度项目

（c）肚脐水平腰厚度项目　　（d）臀厚度项目

——◆—— 朝鲜族　　……■…… 汉族

图 3-8　朝鲜族、汉族厚度项目的年龄代比较

五、长度项目

比较长度项目中具有代表性的项目的结果如下：朝鲜族和汉族男性的上半臂长、臂长、腰到脚跟长、后背长的差异出现上升的倾向；随着年龄的增加，前中心长、腋下长、颈侧腰围线长、

肚脐水平长是汉族和朝鲜族的差异有变小的趋势，而 60 代没有表现出民族间的差异（图 3-9）。

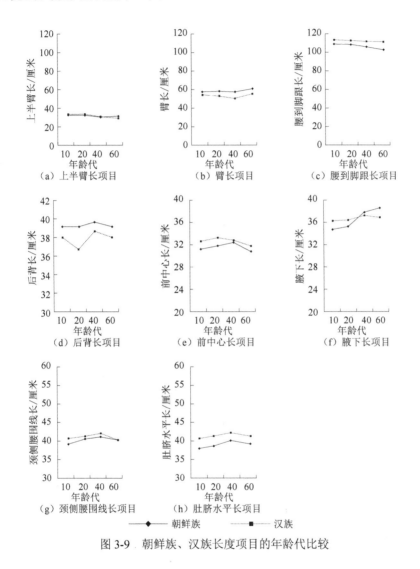

图 3-9　朝鲜族、汉族长度项目的年龄代比较

六、其他项目

比较其他项目的结果表明，朝鲜族和汉族男性的体重差异在

20代最小，40代最大。在肩斜度方面，10代、20代是朝鲜族大，40代、60代是汉族大；在体重方面，10代、20代、40代、60代均为朝鲜族大。（图3-10）。

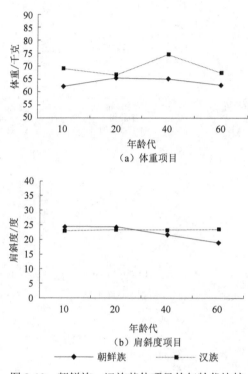

（a）体重项目

（b）肩斜度项目

◆ 朝鲜族　　…■… 汉族

图3-10　朝鲜族、汉族其他项目的年龄代比较

总体而言，在大部分项目上，均是汉族比朝鲜族的数值大，仅在胸周长、腰周长、肚脐水平腰周长上，20代汉族比朝鲜族稍小，在肩斜度上，10代、20代汉族比朝鲜族小。

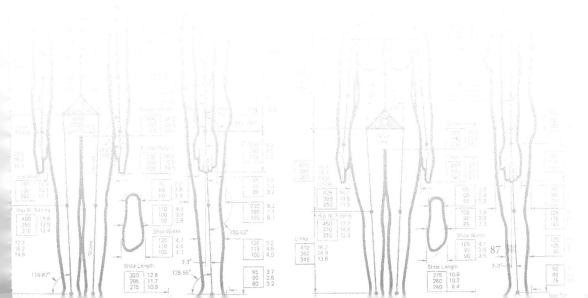

第四章
朝鲜族和汉族各年龄代男性的社会环境因素的比较分析

为了更好地了解社会环境因素对朝鲜族和汉族 10 代、20 代、40 代、60 代男性的影响，本章对 402 个研究对象的饮食习惯、生活环境和生活习惯、运动习惯进行了调查，剔除了回答不完整的调查问卷后，对剩下的 394 份调查问卷进行了统计分析。需要说明的是，本章中数据统计时各分项百分比之和可能不等于 100%，这是软件进行四舍五入时自动计算的，未经手动核改。

第一节　朝鲜族和汉族 10 代男性的社会环境因素的比较分析

一、饮食习惯

（一）一天的用餐次数

对于一天的用餐次数这一问题，朝鲜族 10 代男性和汉族 10 代男性回答一天吃 3 次的人数最多。朝鲜族 10 代男性一天吃 3 次的占 83.7%，吃 2 次的占 14.0%，吃 4 次及以上的占 2.3%，吃 1 次的占 0.0%。汉族 10 代男性一天吃 3 次的占 97.8%，吃 2 次的占 2.2%，没有吃 1 次和 4 次及以上的。两组男性在一天的用餐次数上没有出现有统计学意义的差异。

（二）一天中用餐量最多的用餐时间

对于一天中用餐量最多的用餐时间这一问题，朝鲜族 10 代男性和汉族 10 代男性都是回答中午的人数最多。朝鲜族 10 代男性的选择是中午占 46.5%、晚上占 32.6%、三顿接近占 16.3%、早上占 4.7% 的顺序，汉族 10 代男性的选择是中午占 73.9%、晚上占 15.2%、三顿接近占 8.7%、早上占 2.2% 的顺序。两组男性之间没有出现有统计学意义的差异。

（三）一天中略过用餐的时间

对于一天中略过用餐的时间这一问题，朝鲜族 10 代男性和汉族 10 代男性都回答早上略过用餐的时候最多。朝鲜族 10 代男性的选择是早上占 51.2%、不会略过占 20.9%、晚上占 18.6%、中午占 9.3% 的顺序，汉族 10 代男性的选择是早上占 58.7%、不会略过占 34.8%、中午占 4.3%、晚上占 2.2% 的顺序。两组男性之间在 $p \leqslant 0.05$ 的水平出现了有统计学意义的差异。

（四）一天中最重视的用餐时间

朝鲜族 10 代男性和汉族 10 代男性在一天中最重视的用餐时间这一问题上都是选择早上的人数最多。朝鲜族 10 代男性的选择是早上占 62.8%、中午占 25.6%、晚上占 7.0%、三顿都重要占 4.7% 的顺序，汉族 10 代男性的选择是早上占 52.2%、中午占 26.1%、三顿都重要占 15.2%、晚上占 6.5% 的顺序。两组男性之间没有出现有统计学意义的差异。

（五）用餐时最重视的因素

对于用餐时最重视的因素这一问题，朝鲜族 10 代男性的选择是味道占 51.2%、营养占 32.6%、卫生占 11.6%、香占 4.7%、其他占 0.0% 的顺序，汉族 10 代男性的选择是营养占 43.5%、味道占 30.4%、卫生占 19.6%、香占 6.5%、其他占 0.0% 的顺序。两组男性之间没有出现有统计学意义的差异。

（六）用餐时食物的咸淡

对于用餐时食物的咸淡这一问题，朝鲜族 10 代男性和汉族 10 代男性选择最多的选项是一般。朝鲜族 10 代男性的选择是一般占 48.8%、有点咸占 30.2%、非常咸占 9.3%、有点淡占 7.0%、非常淡占 4.7% 的顺序，汉族 10 代男性的选择是一般占 58.7%、有点咸占 26.1%、有点淡占 8.7%、非常咸占 4.3%、非常淡占 2.2% 的顺序。两组男性之间没有出现有统计学意义的差异。

（七）喜欢的食物

对于除了米饭以外喜欢的食物种类这一问题，被试可以选择 3 项，朝鲜族 10 代男性和汉族 10 代男性最喜欢的都是水果类。朝鲜族 10 代男性选择较多的是水果类（占 69.8%）、面食类（占 55.8%）、蔬菜类（占 46.5%）、肉类（占 44.2%），汉族 10 代男性选择较多的是水果类（占 65.2%）、蔬菜类（占 46.5%）、肉类（占 32.6%）、坚果类（占 26.1%）。两组男性之间没有出现有统计学意义的差异。

（八）一天中吃零食的次数

对于一天中吃零食的次数这一问题，朝鲜族 10 代男性的选择是一天 2 次占 37.2%、1 次占 25.6%、3 次及以上占 18.6%、不吃占 18.6% 的顺序，汉族 10 代男性的选择是一天 1 次占 43.5%、不吃占 23.9%、2 次占 19.6%、3 次及以上占 13.0% 的顺序。两组男性之间没有出现有统计学意义的差异。

（九）吃零食的理由

对于吃零食的理由这一问题，朝鲜族 10 代男性和汉族 10 代男性最多的回答都是因为无聊。朝鲜族 10 代男性的选择是无聊占 46.5%、饿占 34.9%、其他占 11.6%、解除压力占 7.0%、补充营养占 0.0% 的顺序，汉族 10 代男性的选择是无聊占 50.0%、其他占 26.1%、饿占 15.2%、解除压力占 6.5%、补充营养占 2.2% 的顺序。两组男性之间没有出现有统计学意义的差异。

（十）经常吃的零食种类

在经常吃的零食种类上，朝鲜族 10 代男性选择饼干和乳制品的较多，汉族 10 代男性选择水果和饮料的较多。朝鲜族 10 代男性的选择是饼干占 34.9%、乳制品占 23.3%、饮料占 16.3%、方便面或油炸食品占 11.6%、水果占 11.6%、其他占 2.3% 的顺序，汉族 10 代男性的选择是饮料和水果各占 23.9%、乳制品占 19.6%、方便面或油炸食品占 15.2%、饼干和其他各占 8.7% 的顺序。两组男性经常吃的零食种类在 $p \leqslant 0.05$ 的水平存在有统计学意义的差异。

（十一）月平均餐费

对于月平均餐费这一问题，朝鲜族 10 代男性和汉族 10 代男性回答较多的都是 300 ～ 500 元和 501 ～ 800 元。朝鲜族 10 代男性是 300 ～ 500 元和 501 ～ 800 元各占 27.9%、不知道占 18.6%、300 元以下占 11.6%、1001 元以上占 9.3%、800 ～ 1000 元占 4.7% 的顺序，汉族 10 代男性是 300 ～ 500 元占 43.5%、501 ～ 800 元占 21.7%、不知道占 13.0%、300 元以下和 801 ～ 1000 元各占 8.7%、1000 元以上占 4.3% 的顺序。两组男性之间没有出现有统计学意义的差异。

（十二）在外用餐次数

对于在外用餐次数这一问题，朝鲜族 10 代男性回答半个月一次的最多，汉族 10 代男性回答一周一次的最多。朝鲜族 10 代男性的选择是半个月一次占 34.9%、一周一次占 23.3%、一个月一次占 16.3%、基本没有占 11.6%、每天和两到三个月一次各占 7.0% 的顺序，汉族 10 代男性的选择是一周一次占 30.4%、一个月一次占 28.3%、基本没有占 15.2%、半个月一次占 13.0%、每天和两到三个月一次各占 6.5% 的顺序。两组男性之间没有出现有统计学意义的差异。

（十三）用餐方式

对于用餐方式这一问题，朝鲜族 10 代男性的选择是只是用餐占 39.5%、边聊天边用餐占 37.2%、边看电视边用餐占 23.3%、边读书边用餐占 0.0% 的顺序，汉族 10 代男性的选择是边聊天边用餐占 47.8%、只是用餐占 45.7%、边看电视边用餐占 6.5%、边读书边用餐占 0.0% 的顺序。两组男性之间没有出现有统计学意义的差异。

（十四）饮食习惯的问题

在饮食习惯的问题方面，朝鲜族 10 代男性的选择是偏食占 23.3%、不规律用餐占 20.9%、快速用餐占 18.6%、其他和暴食各占 9.3%、无营养用餐占 7.0%、节食和没有问题各占 4.7%、刺激性用餐占 2.3% 的顺序，汉族 10 代男性的选择是偏食和快速用餐各占 21.7%、不规律用餐占 19.6%、无营养用餐占 15.2%、没有问题占 10.9%、暴食占 8.7%、节食占 2.2%、刺激性用餐和其他均占 0.0% 的顺序。两组男性之间没有出现有统计学意义的差异。

二、生活环境和生活习惯

（一）住宅类型

对于住宅类型这一问题，朝鲜族 10 代男性和汉族 10 代男性都是回答楼房的最多。朝鲜族 10 代男性的住宅类型为楼房占 93.0%，平房占 7.0%，出租房、学校宿舍和其他均占 0.0% 的顺序，汉族 10 代男性的住宅类型为楼房占 60.9%、学校宿舍占 19.6%、平房占 10.9%、出租房占 8.7%、其他占 0.0% 的顺序。两组男性的住宅类型在 $p \leqslant 0.001$ 的水平存在有统计学意义的差异。汉族 10 代男性比朝鲜族 10 代男性住在学校宿舍、平房、出租房的比例高。

（二）家庭内用餐场所

对于家庭内用餐场所这一问题，朝鲜族 10 代男性是选择餐厅和客厅都用的最多，占 41.9%，其次是餐厅占 30.2%、客厅占 27.9%，汉族 10 代男性的选择是餐厅占 39.1%、客厅占 30.4%、餐厅和客厅都用占 30.4%。两组男性之间没有出现有统计学意义的差异。

（三）用餐时餐桌类型

对于用餐时餐桌类型这一问题，朝鲜族 10 代男性和汉族 10 代男性回答最多的都是带椅子的餐桌。朝鲜族 10 代男性的选择是带椅子的餐桌占 67.4%、不带椅子的矮式餐桌占 20.9%、两种都用占 11.6% 的顺序，汉族 10 代男性的选择是带椅子的餐桌占 65.2%、不带椅子的矮式餐桌占 19.6%、两种都用占 15.2% 的顺序。两组男性之间没有出现有统计学意义的差异。

（四）睡眠场所

对于睡眠场所这一问题，朝鲜族 10 代男性和汉族 10 代男性都是选择床的人较多。朝鲜族 10 代男性的选择是床占 88.4%、地炕占 11.6% 的顺序，汉族 10 代男性的选择是床占 80.4%、地炕占 19.6% 的顺序。两组男性之间没有出现有统计学意义的差异。

（五）入睡时间[①]

对于入睡时间的问题，朝鲜族 10 代男性和汉族 10 代男性

---

① 入睡时间，都是指晚上的入睡时间，余同。

都是选择 12 点的人最多。朝鲜族 10 代男性的选择是 12 点占 39.5%、11 点占 30.2%、10 点占 20.9%、9 点占 7.0%、8 点占 2.3% 的顺序，汉族 10 代男性的选择是 12 点占 39.1%、11 点占 28.3%、10 点占 23.9%、8 点占 6.5%、9 点占 2.2% 的顺序。两组男性之间没有出现有统计学意义的差异。

（六）一天平均睡眠时间

对于一天平均睡眠时间这一问题，朝鲜族 10 代男性的选择是 5 ～ 6 小时和 7 ～ 8 小时均占 41.9%、8 小时以上占 11.6%、5 小时以下占 4.7% 的顺序，汉族 10 代男性的选择是 5 ～ 6 小时占 47.8%、7 ～ 8 小时占 39.1%、8 小时以上占 13.0%、5 小时以下占 0.0% 的顺序。两组男性之间没有出现有统计学意义的差异。

（七）休闲活动

对于休闲活动这一问题，被试可以选择 3 项，结果如下：朝鲜族 10 代男性和汉族 10 代男性的休闲活动都是使用电脑最多（76.7%）。朝鲜族 10 代男性的选择其次是看电视占 72.1%、听音乐占 58.1% 的顺序，汉族 10 代男性的选择是听音乐占 58.0%、看电视占 43.5% 的顺序。两组男性之间没有出现有统计学意义的差异。

（八）一天中使用电脑的时间

对于一天中使用电脑的时间这一问题，朝鲜族 10 代男性是 1 ～ 2 小时、2.1 ～ 3 小时的答案较多，汉族 10 代男性是不使用的答案较多，可以看出，朝鲜族 10 代男性比汉族 10 代男性使用电脑多。朝鲜族 10 代男性的选择是 1～2 小时占 25.6%、2～3 小时占 23.3%、3～4 小时占 16.3%、不使用和 4～5 小时均占 9.3%、5～6 小时占 7.0%、7～8 小时和 8 小时以上均占 4.7%、6～7 小时占 0.0% 的顺序，汉族 10 代男性的选择是不使用占 32.6%，1～2 小时和 2～3 小时各占 26.1%，3～4 小时、5～6 小时和 6～7 小时各占 4.3%，8 小时以上占 2.2%，4～5 小时和 7～8 小时各占 0.0% 的顺序。两组男性一天中使用电脑的时间在 $p \leqslant 0.05$ 水平存在有统计学意义的差异。

（九）一天中平均看电视的时间

对于一天中平均看电视的时间这一问题，朝鲜族 10 代男性和汉族 10 代男性都是选择不收看这个选项的人最多。朝鲜族 10 代男性的选择是不收看占 37.2%、1～2 小时占 30.2%、2～3 小时占 16.3%、3～4 小时占 7.0%、4～5 小时占 4.7%、5～6 小时和 6～7 小时各占 2.3%、7～8 小时和 8 小时以上各占 0.0% 的顺序，汉族 10 代男性的选择是不收看占 54.3%、1～2 小时占 26.1%、2～3 小时占 10.9%、4～5 小时和 5～6 小时各占 4.3%、其他选项均占 0.0% 的顺序。两组男性之间没有出现有统计学意义的差异。

三、运动习惯

（一）健身房的利用

对于是否利用健身房这一问题，朝鲜族 10 代男性有 53.5% 的人不利用，汉族 10 代男性有 69.6% 的人不利用。两组男性之间没有出现有统计学意义的差异。

（二）有规律的运动

对于是否进行有规律的运动这一问题，朝鲜族 10 代男性有 48.8% 没有进行有规律的运动，汉族 10 代男性有 65.2% 没有进行有规律的运动。两组男性之间没有出现有统计学意义的差异。

（三）经常做的运动

对于经常做的运动是什么这一问题，被试可以选择 3 个答案，结果如下：朝鲜族 10 代男性经常做的运动是跳绳（占 60.5%）、排球（占 55.8%）、羽毛球（占 39.5%）等，汉族 10 代男性经常做的运动是羽毛球（占 65.2%）、排球（占 56.5%）、散步（占 43.5%）等。两组男性之间没有出现有统计学意义的差异。

（四）一次运动时间

对于一次运动时间这一问题，朝鲜族 10 代男性的选择是 1～2 小时占 44.2%、0.5～1 小时占 34.9%、2 小时以上占 18.6%、其他占 2.3% 的顺序，汉族 10 代男性的选择是 0.5～1 小时占 47.8%、1～2 小时占 21.7%、其他占 21.7%、2 小时以上占 8.7% 的顺序。两组男性一次运动时间在 $p \leqslant 0.01$ 水平存在有统计学意义的差异。

（五）运动理由

朝鲜族 10 代男性和汉族 10 代男性做运动的最大理由是健康。朝鲜族 10 代男性的选择是健康占 51.2%、保持身材占 23.3%、其他占 11.6%、控制体重占 9.3%、康复治疗占 4.7% 的顺序，汉族 10 代男性的选择是健康占 52.2%、其他占 19.6% 的顺序、保持身材和控制体重各占 13.0%、康复治疗占 2.2%。两组男性之间没有出现有统计学意义的差异（表 4-1）。

表 4-1　朝鲜族和汉族 10 代男性社会环境因素比较

名称	项目	内容	朝鲜族（n=43）		汉族（n=46）		χ^2	p
			频次（百分比 /%）	其他频次	频次（百分比 /%）	其他频次		
饮食习惯	一天的用餐次数	1 次	0（0.0）	0.0	0（0.0）	0.0	5.447	0.065
		2 次	6（14.0）	3.4	1（2.2）	3.6		
		3 次	36（83.7）	39.1	45（97.8）	41.9		
		4 次及以上	1（2.3）	0.5	0（0.0）	0.5		
	一天中用餐量最多的用餐时间	早上	2（4.7）	1.4	1（2.2）	1.6	7.021	0.071
		中午	20（46.5）	26.1	34（73.9）	27.9		
		晚上	14（32.6）	10.1	7（15.2）	10.9		
		三顿接近	7（16.3）	5.3	4（8.7）	5.7		
	一天中略过用餐的时间	早上	22（51.2）	23.7	27（58.7）	25.3	8.490*	0.037
		中午	4（9.3）	2.9	2（4.3）	3.1		
		晚上	8（18.6）	4.3	1（2.2）	4.7		
		不会略过	9（20.9）	12.1	16（34.8）	12.9		
	一天中最重视的用餐时间	早上	27（62.8）	24.6	24（52.2）	26.4	2.900	0.407
		中午	11（25.6）	11.1	12（26.1）	11.9		
		晚上	3（7.0）	2.9	3（6.5）	3.1		
		三顿都重要	2（4.7）	4.3	7（15.2）	4.7		
	用餐时最重视的因素	营养	14（32.6）	16.4	20（43.5）	17.6	4.083	0.253
		味道	22（51.2）	17.4	14（30.4）	18.6		

续表

名称	项目	内容	朝鲜族（n=43）		汉族（n=46）		χ^2	p
			频次（百分比/%）	其他频次	频次（百分比/%）	其他频次		
饮食习惯	用餐时最重视的因素	香	2（4.7）	2.4	3（6.5）	2.6	4.083	0.253
		卫生	5（11.6）	6.8	9（19.6）	7.2		
		其他	0（0.0）	0.0	0（0.0）	0.0		
	用餐时食物的咸淡	非常咸	4（9.3）	2.9	2（4.3）	3.1	1.834	0.766
		有点咸	13（30.2）	12.1	12（26.1）	12.9		
		一般	21（48.8）	23.2	27（58.7）	24.8		
		有点淡	3（7.0）	3.4	4（8.7）	3.6		
		非常淡	2（4.7）	1.4	1（2.2）	1.6		
	喜欢的食物	肉类	19（44.2）	15.6	15（32.6）	18.2	16.500	0.124
		蔬菜类	20（46.5）	19.2	20（43.5）	20.8		
		辣白菜类	13（30.2）	9.2	7（15.2）	10.8		
		面食类	24（55.8）	14.5	7（15.2）	15.5		
		水果类	30（69.8）	29.2	30（65.2）	30.8		
		比萨或汉堡类	11（25.6）	7.0	4（8.7）	8.0		
		乳制品类	4（9.3）	5.2	8（17.4）	6.8		
		坚果类	4（9.3）	7.1	12（26.1）	8.9		
	一天中吃零食的次数	不吃	8（18.6）	9.2	11（23.9）	9.8	2.237	0.155
		1次	11（25.6）	15.0	20（43.5）	16.0		
		2次	16（37.2）	12.1	9（19.6）	12.9		
		3次及以上	8（18.6）	6.8	6（13.0）	7.2		
	吃零食的理由	饿	15（34.9）	10.6	7（15.2）	11.4	6.907	0.141
		无聊	20（46.5）	20.8	23（50.0）	22.2		
		补充营养	0（0.0）	0.5	1（2.2）	0.5		

续表

名称	项目	内容	朝鲜族（n=43）		汉族（n=46）		χ^2	p
			频次（百分比/%）	其他频次	频次（百分比/%）	其他频次		
饮食习惯	吃零食的理由	解除压力	3（7.0）	2.9	3（6.5）	3.1	6.907	0.141
		其他	5（11.6）	8.2	12（26.1）	8.8		
	经常吃的零食种类	乳制品	10（23.3）	9.2	9（19.6）	9.8	11.605*	0.041
		饼干	15（34.9）	9.2	4（8.7）	9.8		
		方便面或油炸食品	5（11.6）	5.8	7（15.2）	6.2		
		饮料	7（16.3）	8.7	11（23.9）	9.3		
		水果	5（11.6）	7.7	11（23.9）	8.3		
		其他	1（2.3）	2.4	4（8.7）	2.6		
	月平均餐费	300元以下	5（11.6）	4.3	4（8.7）	4.7	3.815	0.576
		300～500元	12（27.9）	15.5	20（43.5）	16.5		
		501～800元	12（27.9）	10.6	10（21.7）	11.4		
		801～1000元	2（4.7）	2.9	4（8.7）	3.1		
		1000元以上	4（9.3）	2.9	2（4.3）	3.1		
		不知道	8（18.6）	6.8	6（13.0）	7.2		
	在外用餐次数	每天	3（7.0）	2.9	3（6.5）	3.1	6.563	0.255
		一周一次	10（23.3）	11.6	14（30.4）	12.4		
		半个月一次	15（34.9）	10.1	6（13.0）	10.9		
		一个月一次	7（16.3）	9.7	13（28.3）	10.3		
		两到三个月一次	3（7.0）	2.9	3（6.5）	3.1		
		基本没有	5（11.6）	5.8	7（15.2）	6.2		
	用餐方式	只是用餐	17（39.5）	18.4	21（45.7）	19.6	5.042	0.080
		边聊天边用餐	16（37.2）	18.4	22（47.8）	19.6		
		边看电视边用餐	10（23.3）	6.3	3（6.5）	6.7		

续表

名称	项目	内容	朝鲜族（n=43）		汉族（n=46）		χ^2	p
			频次（百分比/%）	其他频次	频次（百分比/%）	其他频次		
饮食习惯	用餐方式	边读书边用餐	0（0.0）	0.0	0（0.0）	0.0	5.042	0.080
	整体饮食习惯	偏食	10（23.3）	9.7	10（21.7）	10.3	8.350	0.400
		节食	2（4.7）	1.4	1（2.2）	1.6		
		暴食	4（9.3）	3.9	4（8.7）	4.1		
		不规律用餐	9（20.9）	8.7	9（19.6）	9.3		
		无营养用餐	3（7.0）	4.8	7（15.2）	5.2		
		刺激性用餐	1（2.3）	0.5	0（0.0）	0.5		
		快速用餐	8（18.6）	8.7	10（21.7）	9.3		
		其他	4（9.3）	1.9	0（0.0）	2.1		
		没有问题	2（4.7）	3.4	5（10.9）	3.6		
生活环境和生活习惯	住宅类型	楼房	40（93.0）	32.9	28（60.9）	35.1	15.534***	0.001
		平房	3（7.0）	3.9	5（10.9）	4.1		
		出租房	0（0.0）	1.9	4（8.7）	2.1		
		学校宿舍	0（0.0）	4.3	9（19.6）	4.7		
		其他	0（0.0）	0.0	0（0.0）	0.0		
	家庭内用餐场所	餐厅	13（30.2）	15.0	18（39.1）	16.0	1.361	0.506
		客厅	12（27.9）	12.6	14（30.4）	13.4		
		餐厅和客厅都用	18（41.9）	15.5	14（30.4）	16.5		
	用餐时餐桌类型	带椅子的餐桌	29（67.4）	28.5	30（65.2）	30.5	0.249	0.883
		不带椅子的矮式餐桌	9（20.9）	8.7	9（19.6）	9.3		
		两种都用	5（11.6）	5.8	7（15.2）	6.2		
	睡眠场所	床	38（88.4）	36.2	37（80.4）	38.8	1.056	0.304
		地炕	5（11.6）	6.8	9（19.6）	7.2		

续表

名称	项目	内容	朝鲜族（n=43）		汉族（n=46）		χ^2	p
			频次（百分比/%）	其他频次	频次（百分比/%）	其他频次		
生活环境和生活习惯	入睡时间	8 点	1（2.3）	1.9	3（6.5）	2.1	2.130	0.712
		9 点	3（7.0）	1.9	1（2.2）	2.1		
		10 点	9（20.9）	9.7	11（23.9）	10.3		
		11 点	13（30.2）	12.6	13（28.3）	18.1		
		12 点	17（39.5）	16.9	18（39.1）	18.1		
	一天平均睡眠时间	5 小时以下	2（4.7）	1.0	0（0.0）	1.0	2.393	0.495
		5～6 小时	18（41.9）	19.3	22（47.8）	20.7		
		7～8 小时	18（41.9）	17.4	18（39.1）	18.6		
		8 小时以上	5（11.6）	5.3	6（13.0）	5.7		
	休闲活动	看电视	31（72.1）	24.5	20（43.5）	26.5	20.143	0.092
		读书	11（25.6）	9.2	8（17.4）	9.8		
		听音乐	25（58.1）	26.8	29（63.0）	27.2		
		运动	4（9.3）	4.2	5（10.9）	4.8		
		使用电脑	33（76.7）	32.5	33（71.7）	33.5		
		睡觉	10（23.3）	9.5	11（23.9）	10.5		
		打麻将或扑克	0（0.0）	0.0	0（0.0）	0.0		
		购物	10（23.3）	10.5	12（26.1）	11.5		
		会友	13（30.2）	6.2	0（0.0）	6.8		
		其他	1（2.3）	0.5	0（0.0）	0.5		
	一天中使用电脑的时间	1～2 小时	11（25.6）	11.1	12（26.1）	11.9	17.824*	0.023
		2～3 小时	10（23.3）	10.6	12（26.1）	11.4		
		3～4 小时	7（16.3）	4.3	2（4.3）	4.7		
		4～5 小时	4（9.3）	1.9	0（0.0）	2.1		

续表

名称	项目	内容	朝鲜族（n=43）		汉族（n=46）		χ^2	p
			频次（百分比 /%）	其他频次	频次（百分比 /%）	其他频次		
生活环境和生活习惯	一天中使用电脑的时间	5～6 小时	3（7.0）	2.4	2（4.3）	2.6	17.824*	0.023
		6～7 小时	0（0.0）	1.0	2（4.3）	1.0		
		7～8 小时	2（4.7）	1.0	0（0.0）	1.0		
		8 小时以上	2（4.7）	1.4	1（2.2）	1.6		
		不使用	4（9.3）	9.2	15（32.6）	9.8		
	一天中平均看电视的时间	1～2 小时	13（30.2）	12.1	12（26.1）	12.9	6.589	0.361
		2～3 小时	7（16.3）	5.8	5（10.9）	6.2		
		3～4 小时	3（7.0）	1.4	0（0.0）	1.6		
		4～5 小时	2（4.7）	1.9	2（4.3）	2.1		
		5～6 小时	1（2.3）	1.4	2（4.3）	1.6		
		6～7 小时	1（2.3）	0.5	0（0.0）	0.5		
		7～8 小时	0（0.0）	0.0	0（0.0）	0.0		
		8 小时以上	0（0.0）	0.0	0（0.0）	0.0		
		不收看	16（37.2）	19.8	25（54.3）	21.2		
运动习惯	健身房的利用	是	20（46.5）	16.4	14（30.4）	17.6	2.433	0.090
		不是	23（53.5）	56.6	32（69.6）	28.4		
	有规律的运动	是	22（51.2）	18.4	16（34.8）	19.6	2.437	0.089
		不是	21（48.8）	24.6	30（65.2）	26.4		
	经常做的运动	足球	1（2.3）	0.5	0（0.0）	0.5	24.758	0.100
		排球	24（55.8）	24.5	26（56.5）	25.5		
		篮球	1（2.3）	2.3	4（8.7）	2.7		
		棒球	0（0.0）	0.0	0（0.0）	0.0		
		羽毛球	17（39.5）	23.0	30（65.2）	24.0		

续表

名称	项目	内容	朝鲜族（n=43）		汉族（n=46）		χ^2	p
			频次（百分比 /%）	其他频次	频次（百分比 /%）	其他频次		
运动习惯	经常做的运动	网球	0（0.0）	1.0	2（4.3）	1.0	24.758	0.100
		乒乓球	2（4.7）	2.2	3（6.5）	2.8		
		跳绳	26（60.5）	18.5	12（26.1）	19.5		
		呼啦圈	6（14.0）	8.2	11（23.9）	8.8		
		跆拳道	2（4.7）	1.0	0（0.0）	1.0		
		剑道	1（2.3）	0.5	0（0.0）	0.5		
		登山	5（11.6）	6.2	8（17.4）	6.8		
		散步	16（37.2）	17.2	20（43.5）	17.8		
		跳舞	9（20.9）	5.8	3（6.5）	6.2		
		太极拳	0（0.0）	0.0	0（0.0）	0.0		
		游泳	4（9.3）	2.2	1（2.2）	2.8		
		不做	3（7.0）	3.1	4（8.7）	3.9		
		体操或瑜伽	7（16.3）	5.3	4（8.7）	5.7		
		其他	9（20.9）	5.0	20（43.5）	6.0		
	一次运动时间	0.5～1 小时	15（34.9）	17.9	22（47.8）	19.1	12.728**	0.005
		1～2 小时	19（44.2）	14.0	10（21.7）	15.0		
		2 小时以上	8（18.6）	5.8	4（8.7）	6.2		
		其他	1（2.3）	5.3	10（21.7）	5.7		
	运动理由	健康	22（51.2）	22.2	24（52.2）	23.8	2.865	0.581
		保持身材	10（23.3）	7.7	6（13.0）	5.2		
		控制体重	4（9.3）	4.8	6（13.0）	5.2		
		康复治疗	2（4.7）	1.4	1（2.2）	1.6		
		其他	5（11.6）	6.8	9（19.6）	7.2		

注：* $p \leqslant 0.05$；** $p \leqslant 0.01$；*** $p \leqslant 0.001$

第二节　朝鲜族和汉族 20 代男性的社会环境因素的比较分析

一、饮食习惯

（一）一天的用餐次数

对于一天的用餐次数这一问题，朝鲜族 20 代男性和汉族 20 代男性都是回答吃 3 次的人数最多。朝鲜族 20 代男性的选择是 3 次占 55.6%、2 次占 35.2%、4 次及以上占 9.3%、1 次占 0.0% 的顺序，汉族 20 代男性的选择是 3 次占 71.2%、2 次占 21.2%、4 次及以上占 7.7%、1 次占 0.0% 的顺序。两组男性之间没有出现有统计学意义的差异。

（二）一天中用餐量最多的用餐时间

对于一天中用餐量最多的用餐时间这一问题，朝鲜族 20 代男性和汉族 20 代男性都是选中午的人最多。朝鲜族 20 代男性的选择是中午占 53.7%、晚上占 35.2%、三顿接近占 7.4%、早上占 3.7% 的顺序，汉族 20 代男性的选择是中午占 46.2%、晚上占 40.4%、三顿接近占 11.5%、早上占 1.9% 的顺序。两组男性之间没有出现有统计学意义的差异。

（三）一天中略过用餐的时间

对于一天中略过用餐的时间这一问题，朝鲜族 20 代男性和汉族 20 代男性的回答都是早上略过用餐的时间最多。朝鲜族 20 代男性的选择是早上占 64.8%、不会略过占 16.7%、晚上占 11.1%、中午占 7.4% 的顺序，汉族 20 代男性的选择是早上占 67.3%、晚上占 13.5%、不会略过占 11.5%、中午占 7.7% 的顺序。两组男性之间没有出现有统计学意义的差异。

（四）一天中最重视的用餐时间

朝鲜族 20 代男性和汉族 20 代男性一天中最重视的用餐时间是早上。朝鲜族 20 代男性的选择是早上占 57.4%、三顿都重要占 20.4%、中午和晚上各占 11.1% 的顺序，汉族 20 代男性的选择是早上占 40.4%、中午和晚上各占 21.2%、三顿都重要占 17.3% 的顺序。两组男性之间没有出现有统计学意义的差异。

（五）用餐时最重视的因素

对于用餐时最重视的因素这一问题，朝鲜族 20 代男性的选择是味道占 46.3%、营养占 38.9%、卫生占 11.1%、其他占 3.7%、香占 0.0% 的顺序，汉族 20 代男性的选择是营养占 50.0%、卫生占 19.2%、味道占 15.4%、香和其他各占 7.7% 的顺序。两组男性用餐时最重视的因素在 $p \leqslant 0.01$ 水平存在有统计学意义的差异。

（六）用餐时食物的咸淡

对于用餐时食物的咸淡这一问题，朝鲜族 20 代男性的选择是有点淡占 31.5%、一般和有点咸各占 29.6%、非常淡占 5.6%、非常咸占 3.7% 的顺序，汉族 20 代男性的选择是一般占 50.0%、有点咸占 23.1%、非常咸占 13.5%、有点淡占 11.5%、非常淡占

1.9% 的顺序。两组男性在 $p \leqslant 0.05$ 的水平存在有统计学意义的差异。

（七）喜欢的食物

对于除了米饭以外喜欢的食物种类这一问题，被试可以选择 3 项，结果如下：朝鲜族 20 代男性，面食类占 48.1%、水果类占 46.3%、肉类占 44.4%、蔬菜类占 35.2%；汉族 20 代男性，面食类占 50.0%、水果类占 48.1%、肉类占 46.2%、蔬菜类点 36.5%，两组男性之间出现有统计学意义的差异。

（八）一天中吃零食的次数

对于一天中吃零食的次数这一问题，朝鲜族 20 代男性和汉族 20 代男性都是选择不吃的人数最多。朝鲜族 20 代男性的选择是不吃占 44.4%、1 次占 29.6%、2 次占 20.4%、3 次及以上占 5.6% 的顺序，汉族 20 代男性的选择是不吃占 48.1%、1 次占 36.5%、2 次占 9.6%、3 次及以上占 5.8% 的顺序。两组男性之间没有出现有统计学意义的差异。

（九）吃零食的理由

对于吃零食的理由这一问题，朝鲜族 20 代男性和汉族 20 代男性都是选择无聊的人数最多。朝鲜族 20 代男性的选择是无聊占 37.0%、饿占 27.8%、其他占 24.1%、解除压力占 7.4%、补充营养占 3.7% 的顺序，汉族 20 代男性的选择是无聊和其他各占 38.5%、饿占 15.4%、补充营养占 5.8%、解除压力占 1.9% 的顺序。两组男性之间没有出现有统计学意义的差异。

（十）经常吃的零食种类

对于经常吃的零食种类这一问题，朝鲜族 20 代男性选水果的人最多，汉族 20 代男性选饮料的人最多。朝鲜族 20 代男性的选择是水果占 29.6%、饮料占 20.4%、饼干占 16.7%、乳制品和其他各占 13.0%、方便面或油炸食品占 7.4% 的顺序，汉族 20 代男性的选择是饮料占 32.7%、水果和其他各占 26.9%、方便面或油炸食品占 7.7%、乳制品占 5.8%、饼干占 0.0% 的顺序。两组男性经常吃的零食种类在 $p \leqslant 0.05$ 水平存在有统计学意义的差异。

（十一）月平均餐费

对于月平均餐费这一问题，朝鲜族 20 代男性的选择是 501 ～ 800 元占 24.1%、801 ～ 1000 元占 22.2%、300 ～ 500 元占 18.5%、1000 元以上和不知道各占 14.8%、300 元以下占 5.6% 的顺序，汉族 20 代男性的选择是不知道占 23.1%、1000 元以上和 501 ～ 800 元各占 19.2%、300 ～ 500 元占 17.3%、801 ～ 1000 元占 15.4%、300 元以下占 5.8% 的顺序。两组男性之间没有出现有统计学意义的差异。

（十二）在外用餐次数

对于在外用餐次数这一问题，朝鲜族 20 代男性和汉族 20 代男性都是选一周一次的人数较多。朝鲜族 20 代男性的选择是一周一次占 33.3%、一个月一次占 25.9%、基本没有占 22.2%、半个月一次占 11.1%、每天占 7.4%、两到三个月一次占 0.0% 的顺序，汉族 20 代男性的选择是一周一次占 48.1%、一个月一次占 23.1%、两到三个月一次占 13.5%、半个月一次占 9.6%、每天占 3.8%、基本没有占 1.9% 的顺序。两组男性在外用餐次数在 $p \leqslant 0.01$ 水平存在有统计学意义的差异。

（十三）用餐方式

对于用餐方式这一问题，朝鲜族 20 代男性选只是用餐的人数最多，汉族 20 代男性选边聊天边用餐的人数最多。朝鲜族 20 代男性的选择是只是用餐占 50.0%、边聊天边用餐占 25.9%、边看电视边用餐占 24.1%、边读书边用餐占 0.0% 的顺序，汉族 20 代男性的选择是边聊天边用餐占 42.3%、只是用餐占 40.4%、边看电视边用餐占 15.4%、边读书边用餐占 1.9% 的顺序。两组男性的用餐方式没有出现有统计学意义的差异。

（十四）饮食习惯的问题

在饮食习惯的问题方面，朝鲜族 20 代男性和汉族 20 代男性都是选不规律用餐的人数最多。朝鲜族 20 代男性选择较多的是不规律用餐（占 27.8%）、快速用餐（占 22.2%）、偏食（占 14.8%）、暴食（占 13.0%）、节食（占 11.1%），汉族 20 代男性选择较多的是不规律用餐（占 50.0%）、偏食（占 17.3%）、快速用餐（占 9.6%）和暴食（占 9.6%）。两组男性之间没有出现有统计学意义的差异。

二、生活环境和生活习惯

（一）住宅类型

对于住宅类型这一问题，朝鲜族 20 代男性和汉族 20 代男性选择最多的都是楼房。朝鲜族 20 代男性的选择是楼房占 79.6%、出租房占 13.0%、学校宿舍占 5.6%、平房占 1.9%、其他占 0.0% 的顺序，汉族 20 代男性的选择是楼房占 63.5%、学校宿舍占 15.4%、平房和出租房各占 9.6%、其他占 1.9% 的顺序。两组男性之间没有出现有统计学意义的差异。

（二）家庭内用餐场所

对于家庭内用餐场所这一问题，朝鲜族 20 代男性和汉族 20 代男性都是选择客厅的人数最多。朝鲜族 20 代男性的选择是客厅占 37.0%、餐厅占 35.2%、餐厅和客厅都用占 27.8% 的顺序，汉族 20 代男性的选择是客厅占 55.8%、餐厅占 32.7%、餐厅和客厅都用占 11.5% 的顺序。两组男性之间没有出现有统计学意义的差异。

（三）用餐时餐桌类型

对于用餐时餐桌类型这一问题，朝鲜族 20 代男性和汉族 20 代男性都是选带椅子的餐桌的人最多。朝鲜族 20 代男性的选择是带椅子的餐桌占 59.3%、不带椅子的矮式餐桌占 24.1%、两种都用占 16.7% 的顺序，汉族 20 代男性的选择是带椅子的餐桌占 46.2%、两种都用占 30.8%、不带椅子的矮式餐桌占 23.1% 的顺序。两组男性之间没有出现有统计学意义的差异。

（四）睡眠场所

对于睡眠场所这一问题，朝鲜族 20 代男性和汉族 20 代男性都是选择床的人数较多。朝鲜族 20 代男性的选择是床占 87.0%、地炕占 13.0% 的顺序，汉族 20 代男性的选择是床占 82.7%、地炕占 17.3% 的顺序。两组男性之间没有出现有统计学意义的差异。

（五）入睡时间

对于入睡时间的问题，朝鲜族 20 代男性和汉族 20 代男性都是选 12 点的人数最多。朝鲜族 20 代男性的选择是 12 点占 63.0%、11 点占 27.8%、10 点占 5.6%、9 点和 8 点各占 1.9% 的顺序，汉族 20 代男性的选择是 12 点占 57.7%、11 点占 23.1%、10 点占 11.5%、9 点和 8 点各占 3.8% 的顺序。两组男性之间没有出现有统计学意义的差异。

（六）一天平均睡眠时间

对于一天平均睡眠时间这一问题，朝鲜族 20 代男性和汉族 20 代男性都是选 7～8 小时的人数最多。朝鲜族 20 代男性的选择是 7～8 小时占 59.3%、8 小时以上占 20.4%、5～6 小时占 16.7%、5 小时以下占 3.7% 的顺序，汉族 20 代男性的选择是 7～8 小时占 48.1%、8 小时以上和 5～6 小时各占 25.0%、5 小时以下占 1.9% 的顺序。两组男性之间没有出现有统计学意义的差异。

（七）休闲活动

对于休闲活动这一问题，被试可以选择 3 项，结果如下：朝鲜族 20 代男性和汉族 20 代男性选择最多的选项都是使用电脑。朝鲜族 20 代男性选择较多的是使用电脑（占 57.4%）、运动（占 24.1%）、看电视（占 20.4%）、读书（占 20.4%）及听音乐（占 20.4%）的顺序，汉族 20 代男性选择较多的是使用电脑（占 61.5%）、听音乐（占 59.6%）、看电视（占 40.4%）、读书（占 28.8%）、运动（占 13.5%）的顺序。两组男性的休闲活动在 $p \leqslant 0.05$ 水平存在有统计学意义的差异。

（八）一天中使用电脑的时间

对于一天中使用电脑的时间这一问题，朝鲜族 20 代男性比汉族 20 代男性使用时间长。朝鲜族 20 代男性的选择是一天 3～4 小时和 4.1～5 小时各占 20.4%，8 小时以上占 14.8%，6～7 小时占 11.1%，不使用占 9.3%，1～2 小时、2～3 小时和 5～6 小时各占 7.4%，7～8 小时占 1.9% 的顺序，汉族 20 代男性的选择是 2～3 小时占 21.2%、3～4 小时占 19.2%、5～6 小时占 15.4%、4～5 小时占 13.5%、1～2 小时和 8 小时以上各占 11.5%、6～7 小时占 5.8%、不使用占 1.9%、7～8 小时占 0.0% 的顺序。两组男性之间没有出现有统计学意义的差异。

（九）一天中平均看电视的时间

对于一天中平均看电视的时间这一问题，朝鲜族 20 代男性和汉族 20 代男性都是选不收看的人数最多。朝鲜族 20 代男性的选择情况是不收看占 29.6%、2～3 小时占 31.5%、1～2 小时占 22.2%、3～4 小时占 9.3%、4～5 小时占 5.6%、5～6 小时占 1.9%、其他选项均占 0.0%，汉族 20 代男性的选择情况是不收看占 50.0%、1～2 小时占 28.8%、2～3 小时占 9.6%、3～4 小时占 7.7%、4～5 小时和 6～7 小时各占 1.9%、其他选项均占 0.0%。两组男性之间没有出现有统计学意义的差异。

三、运动习惯

（一）健身房的利用

对于健身房的利用这一问题，朝鲜族 20 代男性利用健身房的占 77.8%，不利用健身房的占 22.2%，汉族 20 代男性利用健身房的占 38.5%，不利用健身房的占 61.5%。两组男性对健身房的利用在 $p \leqslant 0.001$ 水平存在有统计学意义的差异。

（二）有规律的运动

对于是否进行有规律的运动这一问题，朝鲜族 20 代男性回答是的人数占 57.4%、回答否的人数占 42.6%，汉族 20 代男性回答是的人数占 48.1%、回答否的人数占 51.9%。两组男性之间没有出现有统计学意义的差异。

（三）经常做的运动

对于经常做的运动这一问题，被试可以选择 3 个答案，结果如下：朝鲜族 20 代男性选择较多的是散步（占 33.3%）、登山（占 20.4%）和体操或瑜伽（占 20.4%）、跳舞（占 16.7%），汉族 20 代男性选择较多的是羽毛球（占 40.4%）、散步（占 38.5%）、游泳（占 30.8%）。两组男性经常做的运动在 $p \leqslant 0.05$ 水平存在有统计学意义的差异。

（四）一次运动时间

对于一次运动时间这一问题，朝鲜族 20 代男性和汉族 20 代男性都是回答 1 ～ 2 小时的人数最多。朝鲜族 20 代男性的选择是 1～2 小时占 44.4%、0.5～1 小时占 25.9%、2 小时以上占 18.5%、其他占 11.1% 的顺序，汉族 20 代男性的选择是 1～2 小时占 28.8%、0.5～1 小时占 25.0%、2 小时以上和其他各占 23.1% 的顺序。两组男性在一次运动时间上没有出现有统计学意义的差异。

（五）运动理由

对于运动理由这一问题，朝鲜族 20 代男性和汉族 20 代男性选择最多的都是健康。朝鲜族 20 代男性的选择是健康占 37.1%、保持身材占 22.2%、控制体重占 18.5%、康复治疗占 14.8%、其他占 7.4% 的顺序，汉族 20 代男性的选择是健康占 53.8%、康复治疗占 19.2%、其他占 13.5%、控制体重占 7.7%、保持身材占 5.8% 的顺序。两组男性在 $p \leqslant 0.05$ 水平存在有统计学意义的差异（表 4-2）。

表 4-2　朝鲜族和汉族 20 代男性社会环境因素比较

名称	项目	内容	朝鲜族（n=54）		汉族（n=52）		χ^2	p
			频次（百分比 /%）	其他频次	频次（百分比 /%）	其他频次		
饮食习惯	一天的用餐次数	1 次	0（0.0）	0.0	0（0.0）	0.0	2.939	0.230
		2 次	19（35.2）	15.3	11（21.2）	14.7		
		3 次	30（55.6）	34.1	37（71.2）	32.9		
		4 次及以上	5（9.3）	4.6	4（7.7）	4.4		
	一天中用餐量最多的用餐时间	早上	2（3.7）	1.5	1（1.9）	1.5	1.268	0.737
		中午	29（53.7）	27.0	24（46.2）	26.0		
		晚上	19（35.2）	20.4	21（40.4）	19.6		
		三顿接近	4（7.4）	5.1	6（11.5）	4.9		

续表

名称	项目	内容	朝鲜族（*n*=54）		汉族（*n*=52）		χ^2	*p*
			频次（百分比 /%）	其他频次	频次（百分比 /%）	其他频次		
饮食习惯	一天中略过用餐的时间	早上	35（64.8）	35.7	35（67.3）	34.3	0.639	0.887
		中午	4（7.4）	4.1	4（7.7）	3.9		
		晚上	6（11.1）	6.6	7（13.5）	6.4		
		不会略过	9（16.7）	7.6	6（11.5）	7.4		
	一天中最重视的用餐时间	早上	31（57.4）	26.5	21（40.4）	25.5	5.028	0.170
		中午	6（11.1）	8.7	11（21.2）	8.3		
		晚上	6（11.1）	8.7	11（21.2）	8.3		
		三顿都重要	11（20.4）	10.2	9（17.3）	9.8		
	用餐时最重视的因素	营养	21（38.9）	23.9	26（50.0）	23.1	14.924**	0.005
		味道	25（46.3）	16.8	8（15.4）	16.2		
		香	0（0.0）	2.0	4（7.7）	2.0		
		卫生	6（11.1）	8.2	10（19.2）	7.8		
		其他	2（3.7）	3.1	4（7.7）	2.9		
	用餐时食物的咸淡	非常咸	2（3.7）	4.6	7（13.5）	4.4	11.958*	0.018
		有点咸	16（29.6）	14.3	12（23.1）	13.7		
	用餐时食物的咸淡	一般	16（29.6）	21.4	26（50.0）	20.6	11.958*	0.018
		有点淡	17（31.5）	11.7	6（11.5）	11.3		
		非常淡	3（5.6）	2.0	1（1.9）	2.0		
	喜欢的食物	肉类	24（44.4）	24.0	24（46.2）	24.0	0.000	1.000
		蔬菜类	19（35.2）	19.0	19（36.5）	19.0		
		辣白菜类	10（18.5）	10.0	10（19.2）	10.0		
		面食类	26（48.1）	26.0	26（50.0）	26.0		
		水果类	25（46.3）	25.0	25（48.1）	25.0		
		比萨或汉堡类	10（18.5）	10.0	10（19.2）	10.0		

续表

名称	项目	内容	朝鲜族（*n*=54）		汉族（*n*=52）		χ^2	*p*
			频次 （百分比/%）	其他 频次	频次 （百分比/%）	其他 频次		
饮食习惯	喜欢的食物	乳制品类	11（20.4）	11.0	11（21.2）	11.0	0.000	1.000
		坚果类	4（7.4）	4.0	4（7.7）	4.0		
	一天中吃零食的次数	不吃	24（44.4）	25.0	25（48.1）	24.0	2.491	0.477
		1次	16（29.6）	17.8	19（36.5）	17.2		
		2次	11（20.4）	8.2	5（9.6）	7.8		
		3次及以上	3（5.6）	3.1	3（5.8）	2.9		
	吃零食的理由	饿	15（27.8）	11.7	8（15.4）	11.3	5.580	0.233
		无聊	20（37.0）	20.4	20（38.5）	19.6		
		补充营养	2（3.7）	2.5	3（5.8）	2.5		
		解除压力	4（7.4）	2.5	1（1.9）	2.5		
		其他	13（24.1）	16.8	20（38.5）	16.2		
	经常吃的零食种类	乳制品	7（13.0）	5.1	3（5.8）	4.9	14.320*	0.014
		饼干	9（16.7）	4.6	0（0.0）	4.4		
		方便面或油炸食品	4（7.4）	4.1	4（7.7）	3.9		
		饮料	11（20.4）	14.3	17（32.7）	13.7		
		水果	16（29.6）	15.3	14（26.9）	14.7		
		其他	7（13.0）	10.7	14（26.9）	10.3		
	月平均餐费	300元以下	3（5.6）	3.1	3（5.8）	2.9	2.229	0.817
		300～500元	10（18.5）	9.7	9（17.3）	9.3		
		501～800元	13（24.1）	11.7	10（19.2）	11.3		
		801～1000元	12（22.2）	10.2	8（15.4）	9.8		
		1000元以上	8（14.8）	9.2	10（19.2）	8.8		
		不知道	8（14.8）	10.2	12（23.1）	9.8		

续表

名称	项目	内容	朝鲜族（n=54）		汉族（n=52）		χ^2	p
			频次（百分比/%）	其他频次	频次（百分比/%）	其他频次		
饮食习惯	在外用餐次数	每天	4（7.4）	3.1	2（3.8）	2.9	18.327**	0.003
		一周一次	18（33.3）	21.9	25（48.1）	2.9		
		半个月一次	6（11.1）	5.6	5（9.6）	5.4		
		一个月一次	14（25.9）	13.2	12（23.1）	12.8		
		两到三个月一次	0（0.0）	3.6	7（13.5）	3.4		
		基本没有	12（22.2）	6.6	1（1.9）	6.4		
	用餐方式	只是用餐	27（50.0）	24.5	21（40.4）	23.5	4.682	0.197
		边聊天边用餐	14（25.9）	18.3	22（42.3）	17.7		
		边看电视边用餐	13（24.1）	10.7	8（15.4）	10.3		
		边读书边用餐	0（0.0）	0.5	1（1.9）	0.5		
	整体饮食习惯	偏食	8（14.8）	8.7	9（17.3）	8.3	14.765	0.064
		节食	6（11.1）	3.6	1（1.9）	3.4		
		暴食	7（13.0）	6.1	5（9.6）	5.9		
		不规律用餐	15（27.8）	20.9	26（50.0）	20.1		
		无营养用餐	2（3.7）	2.0	2（3.8）	2.0		
		刺激性用餐	3（5.6）	2.0	1（1.9）	2.0		
		快速用餐	12（22.2）	8.7	5（9.6）	8.3		
		其他	1（1.9）	0.5	0（0.0）	0.5		
		没有问题	0（0.0）	1.5	3（5.8）	1.5		
生活环境和生活习惯	住宅类型	楼房	43（79.6）	38.7	33（63.5）	37.3	7.553	0.109
		平房	1（1.9）	6.1	5（9.6）	2.9		
		出租房	7（13.0）	6.1	5（9.6）	5.9		
		学校宿舍	3（5.6）	5.6	8（15.4）	5.4		
		其他	0（0.0）	0.5	1（1.9）	0.5		

续表

名称	项目	内容	朝鲜族（n=54）		汉族（n=52）		x^2	p
			频次（百分比 /%）	其他频次	频次（百分比 /%）	其他频次		
生活环境和生活习惯	家庭内用餐场所	餐厅	19（35.2）	18.3	17（32.7）	17.7	5.586	0.061
		客厅	20（37.0）	25.0	29（55.8）	24.0		
		餐厅和客厅都用	15（27.8）	10.7	6（11.5）	10.3		
	用餐时餐桌类型	带椅子的餐桌	32（59.3）	28.5	24（46.2）	27.5	3.106	0.212
		不带椅子的矮式餐桌	13（24.1）	12.7	12（23.1）	12.3		
		两种都用	9（16.7）	12.7	16（30.8）	12.3		
	睡眠场所	床	47（87.0）	45.8	43（82.7）	44.2	0.390	0.532
		地炕	7（13.0）	8.2	9（17.3）	7.8		
	入睡时间	8 点	1（1.9）	1.5	2（3.8）	1.5	2.213	0.697
		9 点	1（1.9）	1.5	2（3.8）	1.5		
		10 点	3（5.6）	4.6	6（11.5）	4.4		
		11 点	15（27.8）	13.8	12（23.1）	13.2		
		12 点	34（63.0）	32.6	30（57.7）	31.4		
	一天平均睡眠时间	5 小时以下	2（3.7）	1.5	1（1.9）	1.5	2.050	0.562
		5～6 小时	9（16.7）	11.2	13（25.0）	10.8		
		7～8 小时	32（59.3）	29.0	25（48.1）	28.0		
		8 小时以上	11（20.4）	12.2	13（25.0）	11.8		
	休闲活动	看电视	11（20.4）	16.0	21（40.4）	16.0	24.00*	0.020
		读书	11（20.4）	13.5	15（28.8）	13.5		
		听音乐	11（20.4）	21.0	31（59.6）	21.0		
		运动	13（24.1）	10.0	7（13.5）	10.0		
		使用电脑	31（57.4）	31.5	32（61.5）	31.5		
		睡觉	6（11.1）	10.5	15（28.8）	10.5		
		打麻将或扑克	1（1.9）	0.5	0（0.0）	0.5		

续表

名称	项目	内容	朝鲜族（n=54）		汉族（n=52）		χ^2	p
			频次（百分比 /%）	其他频次	频次（百分比 /%）	其他频次		
生活环境和生活习惯	休闲活动	购物	5（9.3）	9.5	14（26.9）	9.5	24.00*	0.020
		会友	7（13.0）	3.5	0（0.0）	3.5		
		其他	3（5.6）	1.5	0（0.0）	1.5		
	一天中使用电脑的时间	1～2 小时	4（7.4）	5.1	6（11.5）	4.9	10.855	0.210
		2～3 小时	4（7.4）	5.1	11（21.2）	7.4		
		3～4 小时	11（20.4）	10.7	10（19.2）	10.3		
		4～5 小时	11（20.4）	9.2	7（13.5）	8.8		
		5～6 小时	4（7.4）	6.1	8（15.4）	5.9		
		6～7 小时	6（11.1）	4.6	3（5.8）	4.4		
		7～8 小时	1（1.9）	0.5	0（0.0）	0.5		
		8 小时以上	8（14.8）	7.1	6（11.5）	6.9		
		不使用	5（9.3）	3.1	1（1.9）	2.9		
	一天中平均看电视的时间	1～2 小时	12（22.2）	13.8	15（28.8）	13.2	12.338	0.055
		2～3 小时	17（31.5）	11.2	5（9.6）	10.8		
		3～4 小时	5（9.3）	4.6	4（7.7）	4.4		
		4～5 小时	3（5.6）	2.0	1（1.9）	2.0		
		5～6 小时	1（1.9）	0.5	0（0.0）	0.5		
		6～7 小时	0（0.0）	0.5	1（1.9）	0.5		
		7～8 小时	0（0.0）	0.0	0（0.0）	0.0		
		8 小时以上	0（0.0）	0.0	0（0.0）	0.0		
		不收看	16（29.6）	21.4	26（50.0）	20.6		
运动习惯	健身房的利用	是	42（77.8）	31.6	20（38.5）	30.4	16.866***	0.000
		不是	12（22.2）	22.4	32（61.5）	21.6		
	有规律的运动	是	31（57.4）	28.5	25（48.1）	27.5	0.925	0.336
		不是	23（42.6）	25.5	27（51.9）	24.5		

续表

名称	项目	内容	朝鲜族（n=54）		汉族（n=52）		χ²	p
			频次（百分比 /%）	其他频次	频次（百分比 /%）	其他频次		
运动习惯	经常做的运动	足球	0（0.0）	0.0	0（0.0）	0.0	24.94*	0.035
		排球	2（3.7）	5.5	9（17.3）	5.5		
		篮球	1（1.9）	3.5	6（11.5）	3.5		
		棒球	1（1.9）	1.0	1（1.9）	1.0		
		羽毛球	6（11.1）	13.5	21（40.4）	13.5		
		网球	8（14.8）	7.5	7（13.5）	7.5		
		乒乓球	1（1.9）	2.0	3（5.8）	2.0		
		跳绳	4（7.4）	6.5	9（17.3）	6.5		
		呼啦圈	2（3.7）	6.0	10（19.2）	6.0		
		跆拳道	2（3.7）	3.0	4（7.7）	3.0		
		剑道	4（7.4）	2.0	0（0.0）	2.0		
		登山	11（20.4）	8.5	6（11.5）	8.5		
		散步	18（33.3）	19.0	20（38.5）	19.0		
		跳舞	9（16.7）	7.5	6（11.5）	7.5		
		太极拳	0（0.0）	0.5	1（1.9）	0.5		
		游泳	3（5.6）	9.5	16（30.8）	9.5		
		不做	4（7.4）	5.5	7（13.5）	5.5		
		体操或瑜伽	11（20.4）	7.0	3（5.8）	7.0		
		其他	4（7.4）	2.5	1（1.9）	2.5		
	一次运动时间	0.5～1 小时	14（25.9）	13.8	13（25.0）	13.2	4.260	0.235
		1～2 小时	24（44.4）	19.9	15（28.8）	19.1		
		2 小时以上	10（18.5）	11.2	12（23.1）	10.8		
		其他	6（11.1）	9.2	12（23.1）	8.8		
	运动理由	健康	20（37.1）	25.5	28（53.8）	24.5	9.883*	0.020
		保持身材	12（22.2）	11.2	3（5.8）	10.8		

续表

名称	项目	内容	朝鲜族（n=54）		汉族（n=52）		χ^2	p
			频次（百分比 /%）	其他频次	频次（百分比 /%）	其他频次		
运动习惯	运动理由	控制体重	10（18.5）	7.1	4（7.7）	6.9	9.883*	0.020
		康复治疗	8（14.8）	10.2	10（19.2）	9.8		
		其他	4（7.4）	10.2	7（13.5）	9.8		

注：* $p \leqslant 0.05$；** $p \leqslant 0.01$；*** $p \leqslant 0.001$

第三节　朝鲜族和汉族 40 代男性的社会环境因素的比较分析

一、饮食习惯

（一）一天的用餐次数

对于一天的用餐次数这一问题，朝鲜族 40 代男性和汉族 40 代男性都是选择 2 次的人最多。朝鲜族 40 代男性的选择是 2 次占 96.0%、1 次占 4.0%、3 次和 4 次及以上分别占 0.0% 的顺序，汉族 40 代男性的选择是 2 次占 91.8%、1 次占 4.1%、3 次和 4 次及以上分别占 2.0% 的顺序。两组男性之间没有出现有统计学意义的差异。

（二）一天中用餐量最多的用餐时间

对于一天中用餐量最多的用餐时间这一问题，朝鲜族 40 代男性和汉族 40 代男性都是选晚上的人最多。朝鲜族 40 代男性的选择是晚上占 32.0%、中午占 30.0%、三顿接近占 20.0%、早上占 18.0% 的顺序，汉族 40 代男性的选择是晚上占 49.0%、中午占 28.6%、三顿接近占 16.3%、早上占 6.1% 的顺序。两组男性之间没有出现有统计学意义的差异。

（三）一天中略过用餐的时间

对于一天中略过用餐的时间这一问题，朝鲜族 40 代男性和汉族 40 代男性都是选择不会略过的比例最高。朝鲜族 40 代男性的选择是不会略过占 42.0%、早上占 38.0%、中午占 20.0%、晚上占 0.0% 的顺序，汉族 40 代男性的选择是不会略过占 55.1%、早上占 28.6%、中午占 12.2%、晚上占 4.1% 的顺序。两组男性之间没有出现有统计学意义的差异。

（四）一天中最重视的用餐时间

对于一天中最重视的用餐时间这一问题，朝鲜族 40 代男性和汉族 40 代男性选择最多的都是早上。朝鲜族 40 代男性的选择是早上占 36.0%、中午和三顿都重要各占 26.0%、晚上占 12.0% 的顺序，汉族 40 代男性的选择是早上占 32.7%、晚上占 24.5%、中午占 22.4%、三顿都重要占 20.4% 的顺序。两组男性之间没有出现有统计学意义的差异。

（五）用餐时最重视的因素

对于用餐时最重视的因素这一问题，朝鲜族 40 代男性的选择是营养和味道分别占 40.0%、其他占 14.0%、卫生占 6.0%、香占 0.0% 的顺序，汉族 40 代男性的选择是营养占 59.2%、味道占

18.4%、香和其他各占 8.2%、卫生占 6.1% 的顺序。两组男性用餐时最重视的因素在 $p \leqslant 0.05$ 水平存在有统计学意义的差异。

（六）用餐时食物的咸淡

对于用餐时食物的咸淡这一问题，朝鲜族 40 代男性和汉族 40 代男性都是选择一般的人最多。朝鲜族 40 代男性的选择是一般占 44.0%、有点咸占 26.0%、有点淡占 22.0%、非常咸和非常淡各占 4.0% 的顺序，汉族 40 代男性的选择是一般占 44.9%、有点咸占 36.7%、非常咸占 10.2%、有点淡占 8.2%、非常淡占 0.0% 的顺序。两组男性之间没有出现有统计学意义的差异。

（七）喜欢的食物

对于除了米饭以外喜欢的食物这一问题，被试可以选择 3 个答案，结果如下：朝鲜族 40 代男性最喜欢的是蔬菜类，汉族 40 代男性最喜欢的是水果类，而两组男性都不太喜欢比萨或汉堡类，尤其是汉族要比朝鲜族更喜欢吃朝鲜族的代表食物辣白菜类。朝鲜族 40 代男性选择较多的是蔬菜类（占 50.0%）、水果类（占 46.0%）、面食类（占 42.0%）、辣白菜类（占 32.0%），汉族 40 代男性选择较多的是水果类（占 69.4%）、蔬菜类（占 57.1%）、辣白菜类（占 49.0%）、面食类（占 26.5%）。两组男性之间没有出现有统计学意义的差异。

（八）一天中吃零食的次数

对于一天中吃零食的次数这一问题，汉族 40 代男性和朝鲜族 40 代男性选择最多的都是不吃。朝鲜族 40 代男性的选择是不吃占 56.0%、1 次占 40.0%、2 次和 3 次及以上各占 2.0% 的顺序，汉族 20 代男性的选择是不吃占 67.3%、1 次占 20.4%、2 次和 3 次及以上各占 6.1% 的顺序。两组男性之间没有出现有统计学意义的差异。

（九）吃零食的理由

对于吃零食的理由这一问题，朝鲜族 40 代男性和汉族 40 代男性选择最多的是其他。朝鲜族 40 代男性的选择是其他占 48.0%、无聊占 20.0%、补充营养占 18.0%、饿占 12.0%、解除压力占 2.0% 的顺序，汉族 40 代男性的选择是其他占 67.3%、无聊占 14.3%、解除压力占 8.2%、补充营养占 6.1%、饿占 4.1% 的顺序。两组男性之间没有出现有统计学意义的差异。

（十）经常吃的零食种类

对于经常吃的零食种类这一问题，朝鲜族 40 代男性和汉族 40 代男性选择最多的是其他。朝鲜族 40 代男性的选择是其他占 40.0%、饮料占 18.0%、乳制品和水果各占 16.0%、饼干占 10.0%、方便面或油炸食品占 0.0% 的顺序，汉族 40 代男性的选择是其他占 61.2%、水果占 16.3%、乳制品占 10.2%、饼干占 6.1%、方便面或油炸食品占 4.1%、饮料占 2.0% 的顺序。两组男性经常吃的零食种类在 $p \leqslant 0.05$ 水平存在有统计学意义的差异。

（十一）月平均餐费

对于月平均餐费这一问题，朝鲜族 40 代男性的选择是不知道占 34.0%、801 ～ 1000 元占 24.0%、501 ～ 800 元占 16.0%、

1000 元以上占 14.0%、300～500 元占 8.0%、300 元以下占 4.0% 的顺序，汉族 40 代男性的选择是 501～800 元占 34.7%、801～1000 元占 22.4%、300～500 元占 20.4%、1000 元以上占 16.3%、300 元以下占 4.1%、不知道占 2.0% 的顺序。两组男性的月平均餐费在 $p \leqslant 0.001$ 的水平存在有统计学意义的差异。朝鲜族男性有 34.0% 选择的是不知道，而汉族仅有 2.0% 选择了不知道，由此能看出汉族对月平均餐费的关心程度高于朝鲜族。

（十二）在外用餐次数

对于在外用餐次数这一问题，朝鲜族 40 代男性选择最多的是半个月一次，汉族 40 代男性选择最多的是一个月一次。朝鲜族 40 代男性的选择是半个月一次占 32.0%、一周一次和一个月一次各占 22.0%、基本没有占 12.0%、两到三个月一次占 10.0%、每天占 2.0% 的顺序，汉族 40 代男性的选择是一个月一次占 24.5%、半个月一次占 22.4%、一周一次占 20.4%、基本没有占 16.3%、每天和两到三个月一次各占 8.2% 的顺序。两组男性之间没有出现有统计学意义的差异。

（十三）用餐方式

对于用餐方式这一问题，朝鲜族 40 代男性和汉族 40 代男性选择最多的都是只是用餐，都没有选择边读书边用餐的方式。朝鲜族 40 代男性的选择是只是用餐占 48.0%、边聊天边用餐占 28.0%、边看电视边用餐占 24.0%、边读书边用餐占 0.0% 的顺序，汉族 40 代男性的选择是只是用餐占 65.3%、边聊天边用餐占 20.4%、边看电视边用餐占 14.3%、边读书边用餐占 0.0% 的顺序。两组男性之间没有出现有统计学意义的差异。

（十四）饮食习惯的问题

对于饮食习惯这一问题，朝鲜族 40 代男性选择其他的人最多，汉族 40 代男性选择不规律用餐的人最多。朝鲜族 40 代男性的选择是其他占 40.0%、快速用餐占 20.0%、暴食占 14.0%、不规律用餐占 10.0%、刺激性用餐占 6.0%、偏食和无营养用餐各占 4.0%、节食占 2.0%、没有问题占 0.0% 的顺序，汉族 40 代男性的选择是不规律用餐占 22.4%、没有问题占 20.4%、节食占 14.3%、暴食占 12.2%、偏食和刺激性用餐各占 8.2%、无营养用餐和快速用餐各占 6.1%、其他占 2.0% 的顺序。两组男性在 $p \leqslant 0.001$ 的水平存在有统计学意义的差异。

二、生活环境和生活习惯

（一）住宅类型

对于住宅类型这一问题，朝鲜族 40 代男性和汉族 40 代男性都是回答楼房的人最多。朝鲜族 40 代男性的选择是楼房占 90.0%、平房占 6.0%、出租房占 4.0%、学校宿舍和其他各占 0.0% 的顺序，汉族 40 代男性的选择是楼房占 79.6%、出租房占 12.2%、平房占 8.2%、学校宿舍和其他各占 0.0% 的顺序。两组男性之间没有出现有统计学意义的差异。

（二）家庭内用餐场所

对于家庭内用餐场所这一问题，朝鲜族 40 代男性和汉族 40

代男性两个群体回答最多的都是餐厅。朝鲜族 40 代男性的选择是餐厅占 50.0%、客厅占 36.0%、餐厅和客厅都用占 14.0% 的顺序，汉族 40 代男性的选择是餐厅占 61.2%、客厅占 32.7%、餐厅和客厅都用占 6.1% 的顺序。两组男性之间没有出现有统计学意义的差异。

（三）用餐时餐桌类型

对于用餐时餐桌类型这一问题，朝鲜族 40 代男性和汉族 40 代男性选择最多的都是带椅子的餐桌。朝鲜族 40 代男性的选择是带椅子的餐桌占 60.0%、不带椅子的矮式餐桌占 32.0%、两种都用占 8.0% 的顺序，汉族 40 代男性的选择是带椅子的餐桌占 67.3%、不带椅子的矮式餐桌占 26.5%、两种都用占 6.1% 的顺序。两组男性之间没有出现有统计学意义的差异。

（四）睡眠场所

对于睡眠场所这一问题，朝鲜族 40 代男性和汉族 40 代男性选择较多的都是床。朝鲜族 40 代男性的选择是床占 76.0%、地炕占 24.0% 的顺序，汉族 40 代男性的选择是床占 81.6%、地炕占 18.4% 的顺序。两组男性之间没有出现有统计学意义的差异。

（五）入睡时间

对于入睡时间这一问题，朝鲜族 40 代男性的选择是 10 点占 46.0%、12 点占 20.0%、11 点占 16.0%、9 点占 12.0%、8 点占 6.0% 的顺序，汉族 40 代男性的选择是 12 点占 28.6%、9 点和 10 点各占 22.4%、11 点占 18.4%、8 点占 8.2% 的顺序。两组男性之间没有出现有统计学意义的差异。

（六）一天平均睡眠时间

对于一天平均睡眠时间这一问题，朝鲜族 40 代男性和汉族 40 代男性都是选择 7 ～ 8 小时的人最多。朝鲜族 40 代男性的选择是 7 ～ 8 小时占 62.0%、5 ～ 6 小时占 28.0%、8 小时以上占 6.0%、5 小时以下占 4.0% 的顺序，汉族 40 代男性的选择是 7 ～ 8 小时占 61.2%、5 ～ 6 小时占 26.5%、8 小时以上占 10.2%、5 小时以下占 2.0% 的顺序。两组男性之间没有出现有统计学意义的差异。

（七）休闲活动

对于休闲活动这一问题，被试可以选择 3 个答案，朝鲜族 40 代男性和汉族 40 代男性都是选择看电视的人最多。朝鲜族 40 代男性选择较多的是看电视（占 68.0%）、运动（占 36.0%）、使用电脑（占 32.0%），汉族 40 代男性选择较多的是看电视（占 65.3%）、使用电脑（占 44.9%）、听音乐（占 32.7%）。两组男性之间没有出现有统计学意义的差异。

（八）一天中使用电脑的时间

对于一天中使用电脑的时间这一问题，朝鲜族 40 代男性选择较多的是不使用（占 28.0%）、3 ～ 4 小时（占 24.0%）、2 ～ 3 小时（占 14.0%）、5 ～ 6 小时（占 14.0%）、8 小时以上（占 8.0%），汉族 40 代男性选择较多的是不使用（占 49.0%）、2 ～ 3 小时（占 18.4%）、3 ～ 4 小时（占 12.2%）、1 ～ 2 小时（占 10.2%）。两组男性之间没有出现有统计学意义的差异。

（九）一天中平均看电视的时间

对于一天中平均看电视的时间这一问题，朝鲜族 40 代男性和汉族 40 代男性选择最多的都是 2～3 小时。朝鲜族 40 代男性的选择是 2～3 小时占 40.0%、1～2 小时占 18.0%、3～4 小时占 16.0%、不收看占 10.0%、5～6 小时占 8.0%、4～5 小时占 4.0%、6～7 小时和 8 小时以上各占 2.0%、7～8 小时占 0.0% 的顺序，汉族 40 代男性的选择是 2～3 小时占 30.6%、1～2 小时占 26.5%、3～4 小时和不收看各占 14.3%、4～5 小时占 8.2%、6～7 小时占 6.1%、其他选项占 0.0% 的顺序。两组男性之间没有出现有统计学意义的差异。

三、运动习惯

（一）健身房的利用

对于健身房的利用这一问题，朝鲜族 40 代男性有 80.0% 的人不利用，汉族 40 代男性有 85.7% 的人不利用。两组男性之间没有出现有统计学意义的差异。

（二）有规律的运动

对于是否进行有规律的运动这一问题，朝鲜族 40 代男性选是和不是的人各占 50.0%，汉族 40 代男性是没有进行有规律的运动的人占 77.6%，进行有规律的运动的人占 22.4%。两组男性在 $p \leqslant 0.01$ 水平出现有统计学意义的差异。

（三）经常做的运动

对于经常做的运动这一问题，被试可以选择 3 个答案，结果如下：朝鲜族 40 代男性选择较多的项目是散步（占 46.0%）、体操或瑜伽（占 42.0%）、登山（占 40.0%），汉族 40 代男性选择较多的项目是散步（占 53.1%）、跳绳（占 30.6%）、呼啦圈（占 26.5%）。两组男性经常做的运动在 $p \leqslant 0.05$ 水平存在有统计学意义的差异。

（四）一次运动时间

对于一次运动时间这一问题，朝鲜族 40 代男性和汉族 40 代男性选择最多的都是 0.5～1 小时。朝鲜族 40 代男性的选择是 0.5～1 小时占 44.0%、1～2 小时占 22.0%、其他占 20.0%、2 小时以上占 14.0% 的顺序，汉族 40 代男性的选择是 0.5～1 小时占 42.9%、1～2 小时占 24.5%、2 小时以上和其他各占 16.3% 的顺序。两组男性之间没有出现有统计学意义的差异。

（五）运动理由

对于运动理由这一问题，朝鲜族 40 代男性和汉族 40 代男性都是选择健康的人最多。朝鲜族 40 代男性的选择是健康占 72.0%、其他占 20.0%、控制体重占 6.0%、保持身材占 2.0%、康复治疗占 0.0% 的顺序，汉族 40 代男性的选择是健康占 65.3%、其他占 22.4%、控制体重占 6.1%、保持身材占 4.1%、康复治疗占 2.0% 的顺序。两组男性没有出现有统计学意义的差异（表 4-3）。

表 4-3　朝鲜族和汉族 40 代男性社会环境因素的比较

名称	项目	内容	朝鲜族（n=50）		汉族（n=49）		x^2	p
			频次（百分比 /%）	其他频次	频次（百分比 /%）	其他频次		
饮食习惯	一天的用餐次数	1 次	2（4.0）	2.0	2（4.1）	2.0	2.087	0.555
		2 次	48（96.0）	47.0	45（91.8）	46.0		
		3 次	0（0.0）	0.5	1（2.0）	0.5		
		4 次及以上	0（0.0）	0.5	1（2.0）	0.5		
	一天中用餐量最多的用餐时间	早上	9（18.0）	6.1	3（6.1）	5.9	4.847	0.183
		中午	15（30.0）	14.6	14（28.6）	14.4		
		晚上	16（32.0）	20.2	24（49.0）	19.8		
		三顿接近	10（20.0）	9.1	8（16.3）	8.9		
	一天中略过用餐的时间	早上	19（38.0）	16.7	14（28.6）	16.3	4.498	0.212
		中午	10（20.0）	8.1	6（12.2）	7.9		
		晚上	0（0.0）	1.0	2（4.1）	1.0		
		不会略过	21（42.0）	24.2	27（55.1）	23.8		
	一天中最重视的用餐时间	早上	18（36.0）	17.2	16（32.7）	16.8	2.666	0.446
		中午	13（26.0）	12.1	11（22.4）	11.9		
		晚上	6（12.0）	9.1	12（24.5）	8.9		
		三顿都重要	13（26.0）	11.6	10（20.4）	11.4		
	用餐时最重视的因素	营养	20（40.0）	24.7	29（59.2）	24.3	10.635*	0.031
		味道	20（40.0）	14.6	9（18.4）	14.4		
		香	0（0.0）	2.0	4（8.2）	2.0		
		卫生	3（6.0）	3.0	3（6.1）	3.0		
		其他	7（14.0）	5.6	4（8.2）	5.4		
	用餐时食物的咸淡	非常咸	2（4.0）	3.5	5（10.2）	3.5	7.349	0.119
		有点咸	13（26.0）	15.7	18（36.7）	15.3		
		一般	22（44.0）	22.2	22（44.9）	21.8		

续表

名称	项目	内容	朝鲜族（n=50）		汉族（n=49）		χ^2	p
			频次（百分比/%）	其他频次	频次（百分比/%）	其他频次		
饮食习惯	用餐时食物的咸淡	有点淡	11（22.0）	7.6	4（8.2）	7.4	7.349	0.119
		非常淡	2（4.0）	1.0	0（0.0）	1.0		
	喜欢的食物	肉类	12（24.0）	11.0	11（22.4）	12.0	20.400	0.086
		蔬菜类	25（50.0）	26.5	28（57.1）	27.5		
		辣白菜类	16（32.0）	19.0	24（49.0）	21.0		
		面食类	21（42.0）	16.5	13（26.5）	17.5		
		水果类	23（46.0）	28.0	34（69.4）	29.0		
		比萨或汉堡类	3（6.0）	3.5	5（10.2）	4.5		
		乳制品类	7（14.0）	6.8	8（16.3）	8.2		
		坚果类	5（10.0）	5.0	5（10.2）	5.0		
	一天中吃零食的次数	不吃	28（56.0）	30.8	33（67.3）	30.2	5.867	0.118
		1次	20（40.0）	15.2	10（20.4）	14.8		
		2次	1（2.0）	1.5	3（6.1）	1.5		
		3次及以上	1（2.0）	1.5	3（6.1）	1.5		
	吃零食的理由	饿	6（12.0）	4.0	2（4.1）	4.0	8.741	0.068
		无聊	10（20.0）	8.6	7（14.3）	8.4		
		补充营养	9（18.0）	6.1	3（6.1）	5.9		
		解除压力	1（2.0）	2.5	4（8.2）	2.5		
		其他	24（48.0）	28.8	33（67.3）	28.2		
	经常吃的零食种类	乳制品	8（16.0）	6.6	5（10.2）	6.4	11.583*	0.041
		饼干	5（10.0）	4.0	3（6.1）	4.0		
		方便面或油炸食品	0（0.0）	1.0	2（4.1）	1.0		
		饮料	9（18.0）	5.1	1（2.0）	4.9		
		水果	8（16.0）	8.1	8（16.3）	7.9		

续表

名称	项目	内容	朝鲜族（n=50）		汉族（n=49）		χ^2	p
			频次 （百分比 /%）	其他 频次	频次 （百分比 /%）	其他 频次		
饮食习惯	经常吃的零食种类	其他	20（40.0）	25.3	30（61.2）	24.7	11.583*	0.041
	月平均餐费	300 元以下	2（4.0）	2.0	2（4.1）	2.0	20.136***	0.001
		300 ～ 500 元	4（8.0）	7.1	10（20.4）	6.9		
		501 ～ 800 元	8（16.0）	12.6	17（34.7）	12.4		
		801 ～ 1000 元	12（24.0）	11.6	11（22.4）	11.4		
		1000 元以上	7（14.0）	7.6	8（16.3）	7.4		
		不知道	17（34.0）	9.1	1（2.0）	8.9		
	在外用餐次数	每天	1（2.0）	2.5	4（8.2）	2.5	3.204	0.669
		一周一次	11（22.0）	10.6	10（20.4）	10.4		
		半个月一次	16（32.0）	13.6	11（22.4）	13.4		
		一个月一次	11（22.0）	11.6	12（24.5）	11.4		
		两到三个月一次	5（10.0）	4.5	4（8.2）	4.5		
		基本没有	6（12.0）	7.1	8（16.3）	6.9		
	用餐方式	只是用餐	24（48.0）	28.3	32（65.3）	27.7	3.116	0.211
		边聊天边用餐	14（28.0）	12.1	10（20.4）	11.9		
		边看电视边用餐	12（24.0）	9.6	7（14.3）	9.4		
		边读书边用餐	0（0.0）	0.0	0（0.0）	0.0		
	整体饮食习惯	偏食	2（4.0）	3.0	4（8.2）	3.0	38.790***	0.000
		节食	1（2.0）	4.0	7（14.3）	4.0		
		暴食	7（14.0）	6.6	6（12.2）	6.4		
		不规律用餐	5（10.0）	8.1	11（22.4）	7.9		
		无营养用餐	2（4.0）	2.5	3（6.1）	2.5		
		刺激性用餐	3（6.0）	3.5	4（8.2）	3.5		
		快速用餐	10（20.0）	6.6	3（6.1）	6.4		

续表

名称	项目	内容	朝鲜族（*n*=50）		汉族（*n*=49）		χ^2	*p*
			频次 （百分比 /%）	其他 频次	频次 （百分比 /%）	其他 频次		
饮食习惯	整体饮食习惯	其他	20（40.0）	10.6	1（2.0）	10.4	38.790***	0.000
		没有问题	0（0.0）	5.1	10（20.4）	4.9		
生活环境和生活习惯	住宅类型	楼房	45（90.0）	42.4	39（79.6）	41.6	2.562	0.278
		平房	3（6.0）	3.5	4（8.2）	3.5		
		出租房	2（4.0）	4.0	6（12.2）	4.0		
		学校宿舍	0（0.0）	0.0	0（0.0）	0.0		
		其他	0（0.0）	0.0	0（0.0）	0.0		
	家庭内用餐场所	餐厅	25（50.0）	27.8	30（61.2）	27.2	2.162	0.339
		客厅	18（36.0）	17.2	16（32.7）	16.8		
		餐厅和客厅都用	7（14.0）	5.1	3（6.1）	4.9		
	用餐时餐桌类型	带椅子的餐桌	30（60.0）	31.8	33（67.3）	31.2	0.586	0.746
		不带椅子的矮式餐桌	16（32.0）	14.6	13（26.5）	14.4		
		两种都用	4（8.0）	3.5	3（6.1）	3.5		
	睡眠场所	床	38（76.0）	39.4	40（81.6）	38.6	0.470	0.493
		地炕	12（24.0）	10.6	9（18.4）	10.4		
	入睡时间	8 点	3（6.0）	3.5	4（8.2）	3.5	6.565	0.161
		9 点	6（12.0）	8.6	11（22.4）	8.4		
		10 点	23（46.0）	17.2	11（22.4）	16.8		
		11 点	8（16.0）	8.6	9（18.4）	8.4		
		12 点	10（20.0）	12.1	14（28.6）	11.9		
	一天平均睡眠时间	5 小时以下	2（4.0）	1.5	1（2.0）	1.5	0.877	0.831
		5～6 小时	14（28.0）	13.6	13（26.5）	13.4		
		7～8 小时	31（62.0）	30.8	30（61.2）	30.2		
		8 小时以上	3（6.0）	4.0	5（10.2）	4.0		

续表

名称	项目	内容	朝鲜族（n=50）		汉族（n=49）		χ^2	p
			频次（百分比/%）	其他频次	频次（百分比/%）	其他频次		
生活环境和生活习惯	休闲活动	看电视	34（68.0）	32.7	32（65.3）	33.3	13.500	0.410
		读书	14（28.0）	14.0	14（28.6）	14.0		
		听音乐	13（26.0）	15.0	16（32.7）	14.0		
		运动	18（36.0）	14.0	11（22.4）	15.0		
		使用电脑	16（32.0）	19.5	22（44.9）	18.5		
		睡觉	5（10.0）	6.5	9（18.4）	7.5		
		打麻将或扑克	3（6.0）	3.0	3（6.1）	3.0		
		购物	13（26.0）	13.0	13（26.5）	13.0		
		会友	11（22.0）	7.0	2（4.1）	6.0		
		其他	1（2.0）	0.5	0（0.0）	0.5		
	一天中使用电脑的时间	1～2小时	3（6.0）	4.0	5（10.2）	4.0	11.673	0.112
		2～3小时	7（14.0）	8.1	9（18.4）	7.9		
		3～4小时	12（24.0）	9.1	6（12.2）	8.9		
		4～5小时	2（4.0）	2.0	2（4.1）	2.0		
		5～6小时	7（14.0）	4.0	1（2.0）	4.0		
		6～7小时	1（2.0）	1.0	1（2.0）	1.0		
		7～8小时	0（0.0）	0.0	0（0.0）	0.0		
		8小时以上	4（8.0）	2.5	1（2.0）	2.5		
		不使用	14（28.0）	19.2	24（49.0）	18.8		
	一天中平均看电视的时间	1～2小时	9（18.0）	11.1	13（26.5）	10.9	8.499	0.291
		2～3小时	20（40.0）	17.7	15（30.6）	17.3		
		3～4小时	8（16.0）	7.6	7（14.3）	7.4		
		4～5小时	2（4.0）	3.0	4（8.2）	3.0		
		5～6小时	4（8.0）	2.0	0（0.0）	2.0		

续表

名称	项目	内容	朝鲜族（n=50）		汉族（n=49）		χ^2	p
			频次（百分比 /%）	其他频次	频次（百分比 /%）	其他频次		
生活环境和生活习惯	一天中平均看电视的时间	6～7 小时	1（2.0）	2.0	3（6.1）	2.0	8.499	0.291
		7～8 小时	0（0.0）	0.0	0（0.0）	0.0		
		8 小时以上	1（2.0）	0.5	0（0.0）	0.5		
		不收看	5（10.0）	6.1	7（14.3）	5.9		
运动习惯	健身房的利用	是	10（20.0）	8.6	7（14.3）	8.4	0.568	0.451
		不是	40（80.0）	41.4	42（85.7）	40.6		
	有规律的运动	是	25（50.0）	18.2	11（22.4）	17.8	8.118**	0.004
		不是	25（50.0）	31.8	38（77.6）	31.2		
	经常做的运动	足球	0（0.0）	0.5	1（2.0）	0.5	27.84*	0.015
		排球	7（14.0）	4.0	1（2.0）	4.0		
		篮球	0（0.0）	0.5	1（2.0）	0.5		
		棒球	0（0.0）	0.5	1（2.0）	0.5		
		羽毛球	3（6.0）	7.0	11（22.4）	7.0		
		网球	1（2.0）	1.0	1（2.0）	1.0		
		乒乓球	5（10.0）	6.5	8（16.3）	6.5		
		跳绳	0（0.0）	7.5	15（30.6）	7.5		
		呼啦圈	2（4.0）	7.5	13（26.5）	7.5		
		跆拳道	0（0.0）	0.0	0（0.0）	0.0		
		剑道	0（0.0）	0.0	0（0.0）	0.0		
		登山	20（40.0）	14.0	8（16.3）	14.0		
		散步	23（46.0）	24.5	26（53.1）	24.5		
		跳舞	13（26.0）	10.5	8（16.3）	10.5		
		太极拳	0（0.0）	0.5	1（2.0）	0.5		

续表

名称	项目	内容	朝鲜族（n=50）		汉族（n=49）		χ^2	p
			频次（百分比 /%）	其他频次	频次（百分比 /%）	其他频次		
运动习惯	经常做的运动	游泳	3（6.0）	5.0	7（14.3）	5.0	27.84*	0.015
		不做	4（8.0）	4.0	4（8.2）	4.0		
		体操或瑜伽	21（42.0）	11.5	2（4.1）	11.5		
		其他	7（14.0）	8.0	9（18.4）	8.0		
	一次运动时间	0.5～1 小时	22（44.0）	21.7	21（42.9）	21.3	0.346	0.951
		1～2 小时	11（22.0）	11.6	12（24.5）	11.4		
		2 小时以上	7（14.0）	7.6	8（16.3）	7.4		
		其他	10（20.0）	9.1	8（16.3）	8.9		
	运动理由	健康	36（72.0）	34.3	32（65.3）	33.7	1.606	0.808
		保持身材	1（2.0）	1.5	2（4.1）	1.5		
		控制体重	3（6.0）	3.0	3（6.1）	3.0		
		康复治疗	0（0.0）	0.5	1（2.0）	0.5		
		其他	10（20.0）	10.6	11（22.4）	10.4		

注：* $p \leqslant 0.05$；** $p \leqslant 0.01$；*** $p \leqslant 0.001$

第四节　朝鲜族和汉族 60 代男性的社会环境因素的比较分析

一、饮食习惯

（一）一天的用餐次数

对于一天的用餐次数这一问题，朝鲜族 60 代男性和汉族

60 代男性都是选择 2 次的人最多。朝鲜族 60 代男性的选择是 2 次占 90.4%、1 次占 9.6%、3 次和 4 次及以上各占 0.0% 的顺序，汉族 60 代男性的选择是 2 次占 91.7%、1 次占 4.2%、3 次和 4 次及以上各占 2.1% 的顺序。两组男性之间没有出现有统计学意义的差异。

（二）一天中用餐量最多的用餐时间

对于一天中用餐量最多的用餐时间这一问题，朝鲜族 60 代男性选择三顿接近的人最多，汉族 60 代男性选择中午的人最多。朝鲜族 60 代男性的选择是三顿接近占 44.2%、晚上占 26.9%、中午占 19.2%、早上占 9.6% 的顺序，汉族 60 代男性的选择是中午占 39.6%、三顿接近和晚上各占 25.0%、早上占 10.4% 的顺序。两组男性之间没有出现有统计学意义的差异。

（三）一天中略过用餐的时间

对于一天中略过用餐的时间这一问题，朝鲜族 60 代男性和汉族 60 代男性都是选择不会略过的人最多。朝鲜族 60 代男性的选择是不会略过占 71.2%、晚上占 11.5%、早上占 9.6%、中午占 7.7% 的顺序，汉族 60 代男性的选择是不会略过占 79.2%、早上占 12.5%、晚上和中午各占 4.2% 的顺序。两组男性之间没有出现有统计学意义的差异。

（四）一天中最重视的用餐时间

对于一天中最重视的用餐时间这一问题，朝鲜族 60 代男性选择早上的人最多，汉族 60 代男性选择三顿都重要的人最多。朝鲜族 60 代男性的选择是早上占 38.5%、三顿都重要占 32.7%、中午占 15.4%、晚上占 13.5% 的顺序，汉族 60 代男性的选择是三顿都重要占 35.4%、早上和中午各占 27.1%、晚上占 10.4% 的顺序。两组男性之间没有出现有统计学意义的差异。

（五）用餐时最重视的因素

对于用餐时最重视的因素这一问题，朝鲜族 60 代男性和汉族 60 代男性选择最多的是营养。朝鲜族 60 代男性的选择是营养占 34.6%、味道占 32.7%、其他占 25.0%、卫生占 5.8%、香占 1.9% 的顺序，汉族 60 代男性的选择是营养占 50.0%、其他占 20.8%、味道占 18.8%、卫生占 6.3%、香占 4.2% 的顺序。两组男性之间没有出现有统计学意义的差异。

（六）用餐时食物的咸淡

对于用餐时食物的咸淡这一问题，朝鲜族 60 代男性选择有点淡的人最多，汉族 60 代男性选择有点咸的人最多。朝鲜族 60 代男性的选择是有点淡占 32.7%、一般占 28.8%、有点咸占 26.9%、非常淡占 9.6%、非常咸占 1.9% 的顺序，汉族 60 代男性的选择是有点咸占 45.8%、一般占 33.3%、非常咸和有点淡各占 8.3%、非常淡占 4.2% 的顺序。两组男性用餐时食物的咸淡在 $p \leqslant 0.05$ 水平存在有统计学意义的差异。

（七）喜欢的食物

对于除了米饭以外喜欢的食物这一问题，被试可以选择 3 个答案，结果如下：除了米饭以外朝鲜族 60 代男性和汉族 60 代男性都最喜欢蔬菜类，比萨或汉堡类及坚果类是两个群体都不太喜欢的种类。朝鲜族 60 代男性选择较多的是蔬菜类（占 34.6%）、水果类（占 26.9%）、辣白菜类（占 15.4%）、面食类（占 9.6%），汉族 60 代男性选择较多的是蔬菜类（占 31.3%）、水果类（占 18.8%）、面食类（占 18.8%）、乳制品类（占 10.4%）。两组男性之间没有出现有统计学意义的差异。

（八）一天中吃零食的次数

对于一天中吃零食的次数这一问题，朝鲜族 60 代男性和汉族 60 代男性都是选择不吃的人最多。朝鲜族 60 代男性的选择是不吃占 63.5%、1 次占 26.9%、2 次占 7.7%、3 次及以上占 1.9% 的顺序，汉族 60 代男性的选择是不吃占 77.1%、1 次占 14.6%、2 次占 6.3%、3 次及以上占 2.1% 的顺序。两组男性之间没有出现有统计学意义的差异。

（九）吃零食的理由

对于吃零食的理由，朝鲜族 40 代男性和汉族 40 代男性选择最多的都是解除压力。朝鲜族 60 代男性的选择是解除压力占 57.7%、无聊占 21.2%、补充营养占 11.5%、饿占 9.6%、其他占 0.0% 的顺序，汉族 60 代男性的选择是解除压力占 75.0%、补充营养占 12.5%、饿占 8.3%、无聊占 4.2%、其他占 0.0% 的顺序。两组男性之间没有出现有统计学意义的差异。

（十）经常吃的零食种类

对于经常吃的零食种类这一问题，朝鲜族 60 代男性和汉族

60 代男性选择比例最高的选项是其他。朝鲜族 60 代男性的选择是其他占 55.8%、水果占 21.2%、饼干占 11.5%、饮料占 5.8%、乳制品占 3.8%、方便面或油炸食品占 1.9% 的顺序，汉族 60 代男性的选择是其他占 66.7%、水果占 16.7%、饼干占 10.4%、方便面或油炸食品占 4.2%、乳制品占 2.1% 的顺序。两组男性之间没有出现有统计学意义的差异。

（十一）月平均餐费

对于月平均餐费这一问题，朝鲜族 60 代男性选 300 ～ 500 元和不知道的人最多，各占 32.7%，其次是 501 ～ 800 元占 15.4%、1000 元以上占 9.6%、300 元以下占 5.8%、801 ～ 1000 元占 3.8% 的顺序，汉族 60 代男性的选择是 501 ～ 800 元和 801 ～ 1000 元各占 25.0%、1000 元以上占 16.7%、300 元以下和 300 ～ 500 元各占 14.6%、不知道占 4.2% 的顺序。两组男性在 p ≤ 0.001 水平存在有统计学意义的差异。

（十二）在外用餐次数

对于在外用餐次数这一问题，朝鲜族 60 代男性和汉族 60 代男性选择最多的都是基本没有。朝鲜族 60 代男性的选择是基本没有占 30.8%、一个月一次占 25.0%、一周一次占 17.3%、半个月一次占 15.4%、两到三个月一次占 9.6%、每天占 1.9% 的顺序，汉族 60 代男性的选择是基本没有占 41.7%、两到三个月一次占 18.8%、一个月一次和半个月一次各占 14.6%、一周一次占 8.3%、每天占 2.1% 的顺序。两组男性之间没有出现有统计学意义的差异。

（十三）用餐方式

对于用餐方式这一问题，朝鲜族 60 代男性的选择是只是用餐占 44.2%、边聊天边用餐占 42.3%、边看电视边用餐占 13.5%、边读书边用餐占 0.0% 的顺序，汉族 60 代男性的选择是只是用餐占 62.5%、边看电视边用餐占 20.8%、边聊天边用餐占 16.7%、边读书边用餐占 0.0% 的顺序。两组男性的用餐方式在 $p \leqslant 0.05$ 水平出现有统计学意义的差异。

（十四）饮食习惯的问题

对于饮食习惯这一问题，朝鲜族 60 代男性的选择是其他占 57.7%，快速用餐占 13.5%，暴食占 9.6%，节食、不规律用餐、刺激性用餐各占 5.8%，无营养用餐占 1.9%，没有问题占 0.0% 的顺序，汉族 60 代男性的选择是没有问题占 50.0%、暴食和无营养用餐各占 12.5%、偏食和快速用餐各占 8.3%、节食占 4.2%、不规律用餐和刺激性用餐各占 2.1% 的顺序。两组男性饮食习惯的问题在 $p \leqslant 0.001$ 水平出现有统计学意义的差异。

二、生活环境和生活习惯

（一）住宅类型

对于住宅类型这一问题，朝鲜族 60 代男性和汉族 60 代男性选择最多的都是楼房。朝鲜族 60 代男性的选择是楼房占 92.3%、出租房占 5.8%、平房占 1.9%、学校宿舍和其他均占 0.0% 的顺序，汉族 60 代男性的选择是楼房占 79.2%、平房占 18.8%、出租房占 2.1%、学校宿舍和其他均占 0.0% 的顺序。两组男性的住

宅类型在 $p \leqslant 0.05$ 水平存在有统计学意义的差异。

（二）家庭内用餐场所

对于家庭内用餐场所这一问题，朝鲜族 60 代男性和汉族 60 代男性选择最多的都是餐厅。朝鲜族 60 代男性的选择是餐厅占 67.3%、客厅占 25.0%、餐厅和客厅都用占 7.7% 的顺序，汉族 60 代男性的选择是餐厅占 52.1%、客厅占 41.7%、餐厅和客厅都用占 6.3% 的顺序。两组男性之间没有出现有统计学意义的差异。

（三）用餐时餐桌类型

对于用餐时餐桌类型这一问题，朝鲜族 60 代男性和汉族 60 代男性选择最多的都是带椅子的餐桌。朝鲜族 60 代男性的选择是带椅子的餐桌占 63.5%、不带椅子的矮式餐桌占 30.8%、两种都用占 5.8% 的顺序，汉族 60 代男性的选择是带椅子的餐桌占 58.3%、不带椅子的矮式餐桌占 35.4%、两种都用占 6.3% 的顺序。两组男性之间没有出现有统计学意义的差异。

（四）睡眠场所

对于睡眠场所这一问题，朝鲜族 60 代和汉族 60 代男性选择最多的都是床。朝鲜族 60 代男性的选择是床占 71.2%、地炕占 28.8% 的顺序，汉族 60 代男性的选择是床占 83.3%、地炕占 16.7% 的顺序。两组男性之间没有出现有统计学意义的差异。

（五）入睡时间

对于入睡时间这一问题，朝鲜族 60 代男性和汉族 60 代男性选择最多的都是 9 点。朝鲜族 60 代男性的选择是 9 点占 44.2%、8 点占 21.2%、10 点占 19.2%、11 点和 12 点各占 7.7% 的顺序，汉族 60 代男性的选择是 9 点占 45.8%、10 点占 35.4%、8 点占 14.6%、12 点占 4.2%、11 点占 0.0% 的顺序。两组男性之间没有出现有统计学意义的差异。

（六）一天平均睡眠时间

对于一天平均睡眠时间这一问题，朝鲜族 60 代男性和汉族 60 代男性选择最多的都是 5 ～ 6 小时。朝鲜族 60 代男性的选择是 5 ～ 6 小时占 40.4%、7 ～ 8 小时占 36.5%、8 小时以上占 15.4%、5 小时以下占 7.7% 的顺序，汉族 60 代男性的选择是 5 ～ 6 小时占 39.6%、7 ～ 8 小时占 35.4%、8 小时以上占 20.8%、5 小时以下占 4.2% 的顺序。两组男性之间没有出现有统计学意义的差异。

（七）休闲活动

对于休闲活动这一问题，被试可以选择 3 个答案，结果如下：朝鲜族 60 代男性选择较多的是看电视（占 61.5%）、运动（占 61.5%）、会友（占 48.1%）、听音乐（占 30.8%），汉族 60 代男性选择较多的是看电视（占 77.1%）、运动（占 39.6%）、打麻将或扑克（占 31.3%）。虽然两组男性之间没有出现有统计学意义的差异，但是可以看出，汉族 60 代男性要比朝鲜族 60 代男性更喜欢看电视，更不喜欢运动，并且更喜欢打麻将或扑克。

（八）一天中使用电脑的时间

对于一天中使用电脑的时间这一问题，朝鲜族 60 代男性和汉族 60 代男性都是不使用的人最多。朝鲜族 60 代男性的选择是不使用占 80.8%，1～2 小时占 13.5%，2～3 小时、3～4 小时及 4～5 小时各占 1.9%，其他选项各占 0.0% 的顺序，汉族 60 代男性的选择是不使用占 77.1%，2～3 小时占 10.4%，1～2 小时、3～4 小时及 5～6 小时各占 4.2%，其他选项各占 0.0% 的顺序。可以看出，朝鲜族 60 代男性和汉族 60 代男性使用电脑的时间都非常短，没有出现有统计学意义的差异。

（九）一天中平均看电视的时间

对于一天中平均看电视的时间这一问题，朝鲜族 60 代男性选 1～2 小时的人最多，汉族 60 代男性选 2～3 小时的人最多。朝鲜族 60 代男性选择较多的是 1～2 小时（占 25.0%）、2～3 小时（占 23.1%）、3～4 小时（占 17.3%）、5～6 小时（占 11.5%），汉族 60 代男性选择较多的是 2～3 小时（占 31.3%）、3～4 小时（占 22.9%）、4～5 小时（占 22.9%）、1～2 小时（占 12.5%）。两组男性之间没有出现有统计学意义的差异。

三、运动习惯

（一）健身房的利用

对于健身房的利用这一问题，朝鲜族 60 代男性有 84.6% 不利用，汉族 60 代男性有 87.5% 不利用。两组男性之间没有出现有统计学意义的差异。

（二）有规律的运动

对于是否进行有规律的运动这一问题，朝鲜族 60 代男性是 69.2% 的人进行，汉族 60 代男性是 56.3% 的人进行。两组男性之间没有出现有统计学意义的差异。

（三）经常做的运动

对于经常做的运动这一问题，被试可以选择 3 个答案，结果如下：朝鲜族 60 代男性选择较多的是跳舞（占 55.8%）、散步（占 53.8%）、体操或瑜伽（占 28.8%），汉族 60 代男性选择较多的是散步（占 77.1%）、登山（占 33.3%）。两组男性之间没有出现有统计学意义的差异。

（四）一次运动时间

对于一次运动时间这一问题，朝鲜族 60 代男性和汉族 60 代男性选择最多的都是 1～2 小时。朝鲜族 60 代男性的选择是 1～2 小时占 34.6%、0.5～1 小时占 28.8%、2 小时以上占 25.0%、其他占 11.5% 的顺序，汉族 60 代男性的选择是 1～2 小时占 35.4%、0.5～1 小时占 33.3%、其他占 18.8%、2 小时以上占 12.5% 的顺序。两组男性之间没有出现有统计学意义的差异。

（五）运动理由

朝鲜族 60 代男性和汉族 60 代男性做运动的最主要原因是为了健康。朝鲜族 60 代男性的选择是健康占 80.8%、其他占 9.6%、康复治疗占 5.8%、控制体重占 3.8%、保持身材占 0.0% 的顺序，汉族 60 代男性是健康占 68.8%、其他占 18.8%、保持身材占

6.3%、控制体重占 4.2%、康复治疗占 2.1% 的顺序。两组男性之间没有出现有统计学意义的差异（表 4-4）。

表 4-4 朝鲜族和汉族 60 代男性社会环境因素的比较

名称	项目	内容	朝鲜族（n=52）		汉族（n=48）		χ^2	p
			频次（百分比 /%）	其他频次	频次（百分比 /%）	其他频次		
饮食习惯	一天的用餐次数	1 次	5（9.6）	3.6	2（4.2）	3.4	3.230	0.358
		2 次	47（90.4）	47.3	44（91.7）	43.7		
		3 次	0（0.0）	0.5	1（2.1）	0.5		
		4 次以上	0（0.0）	0.5	1（2.1）	0.5		
	一天中用餐量最多的用餐时间	早上	5（9.6）	5.2	5（10.4）	4.8	6.254	0.100
		中午	10（19.2）	15.1	19（39.6）	13.9		
		晚上	14（26.9）	13.5	12（25.0）	12.5		
		三顿接近	23（44.2）	18.2	12（25.0）	16.8		
	一天中略过用餐的时间	早上	5（9.6）	5.7	6（12.5）	5.3	2.615	0.455
		中午	4（7.7）	3.1	2（4.2）	2.9		
		晚上	6（11.5）	4.2	2（4.2）	3.8		
		不会略过	37（71.2）	39.0	38（79.2）	36.0		
	一天中最重视的用餐时间	早上	20（38.5）	17.2	13（27.1）	15.8	2.853	0.415
		中午	8（15.4）	10.9	13（27.1）	10.1		
		晚上	7（13.5）	6.2	5（10.4）	5.8		
		三顿都重要	17（32.7）	17.7	17（35.4）	16.3		
	用餐时最重视的因素	营养	18（34.6）	21.8	24（50.0）	20.2	3.890	0.421
		味道	17（32.7）	13.5	9（18.8）	12.5		
		香	1（1.9）	1.6	2（4.2）	1.4		
		卫生	3（5.8）	3.1	3（6.3）	2.9		
		其他	13（25.0）	12.0	10（20.8）	11.0		

续表

名称	项目	内容	朝鲜族（n=52）		汉族（n=48）		χ^2	p
			频次（百分比/%）	其他频次	频次（百分比/%）	其他频次		
饮食习惯	用餐时食物的咸淡	非常咸	1（1.9）	2.6	4（8.3）	2.4	12.804*	0.012
		有点咸	14（26.9）	18.7	22（45.8）	17.3		
		一般	15（28.8）	16.1	16（33.3）	14.9		
		有点淡	17（32.7）	10.9	4（8.3）	10.1		
		非常淡	5（9.6）	3.6	2（4.2）	3.4		
	喜欢的食物	肉类	3（5.8）	10.0	4（8.3）	11.0	21.000	0.073
		蔬菜类	18（34.6）	35.5	15（31.3）	36.5		
		辣白菜类	8（15.4）	17.0	4（8.3）	17.0		
		面食类	5（9.6）	18.5	9（18.8）	19.5		
		水果类	14（26.9）	27.5	9（18.8）	28.5		
		比萨或汉堡类	1（1.9）	0.5	0（0.0）	0.5		
		乳制品类	2（3.8）	11.0	5（10.4）	11.0		
		坚果类	1（1.9）	1.5	2（4.2）	1.5		
	一天中吃零食的次数	不吃	33（63.5）	36.4	37（77.1）	33.6	2.549	0.469
		1次	14（26.9）	10.9	7（14.6）	10.1		
		2次	4（7.7）	3.6	3（6.3）	3.4		
		3次及以上	1（1.9）	1.0	1（2.1）	1.0		
	吃零食的理由	饿	5（9.6）	4.7	4（8.3）	4.3	6.738	0.081
		无聊	11（21.2）	6.8	2（4.2）	6.2		
		补充营养	6（11.5）	6.2	6（12.5）	5.8		
		解除压力	30（57.7）	34.3	36（75.0）	31.7		
		其他	0（0.0）	0.0	0（0.0）	0.0		
	经常吃的零食种类	乳制品	2（3.8）	1.6	1（2.1）	1.4	4.226	0.517
		饼干	6（11.5）	5.7	5（10.4）	5.3		

续表

名称	项目	内容	朝鲜族（n=52）		汉族（n=48）		χ^2	p
			频次（百分比/%）	其他频次	频次（百分比/%）	其他频次		
饮食习惯	经常吃的零食种类	方便面或油炸食品	1（1.9）	1.6	2（4.2）	1.4	4.226	0.517
		饮料	3（5.8）	1.6	0（0.0）	1.4		
		水果	11（21.2）	9.9	8（16.7）	9.1		
		其他	29（55.8）	31.7	32（66.7）	29.3		
	月平均餐费	300 元以下	3（5.8）	5.2	7（14.6）	4.8	26.126***	0.000
		300～500 元	17（32.7）	12.5	7（14.6）	11.5		
		501～800 元	8（15.4）	10.4	12（25.0）	9.6		
		801～1000 元	2（3.8）	7.3	12（25.0）	6.7		
		1000 元以上	5（9.6）	6.8	8（16.7）	6.2		
		不知道	17（32.7）	9.9	2（4.2）	9.1		
	在外用餐次数	每天	1（1.9）	1.0	1（2.1）	1.0	5.225	0.389
		一周一次	9（17.3）	6.8	4（8.3）	6.2		
		半个月一次	8（15.4）	7.8	7（14.6）	7.2		
		一个月一次	13（25.0）	10.4	7（14.6）	6.7		
		两到三个月一次	5（9.6）	7.3	9（18.8）	6.7		
		基本没有	16（30.8）	18.7	20（41.7）	17.3		
	用餐方式	只是用餐	23（44.2）	27.6	30（62.5）	25.4	7.840*	0.027
		边聊天边用餐	22（42.3）	15.6	8（16.7）	14.4		
		边看电视边用餐	7（13.5）	8.8	10（20.8）	8.2		
		边读书边用餐	0（0.0）	0.0	0（0.0）	0.0		
	整体饮食习惯	偏食	0（0.0）	2.1	4（8.3）	1.9	64.624***	0.000
		节食	3（5.8）	2.6	2（4.2）	2.4		
		暴食	5（9.6）	5.7	6（12.5）	5.3		
		不规律用餐	3（5.8）	2.1	1（2.1）	1.9		

续表

名称	项目	内容	朝鲜族（n=52）		汉族（n=48）		χ^2	p
			频次（百分比 /%）	其他频次	频次（百分比 /%）	其他频次		
饮食习惯	整体饮食习惯	无营养用餐	1（1.9）	3.6	6（12.5）	3.4	64.624***	0.000
		刺激性用餐	3（5.8）	2.1	1（2.1）	1.9		
		快速用餐	7（13.5）	5.7	4（8.3）	5.3		
		其他	30（57.7）	15.6	0（0.0）	14.4		
		没有问题	0（0.0）	12.5	24（50.0）	11.5		
生活环境和生活习惯	住宅类型	楼房	48（92.3）	44.7	38（79.2）	41.3	8.416*	0.015
		平房	1（1.9）	5.2	9（18.8）	4.8		
		出租房	3（5.8）	2.1	1（2.1）	1.9		
		学校宿舍	0（0.0）	0.0	0（0.0）	0.0		
		其他	0（0.0）	0.0	0（0.0）	0.0		
	家庭内用餐场所	餐厅	35（67.3）	31.2	25（52.1）	28.8	3.139	0.208
		客厅	13（25.0）	17.2	20（41.7）	15.8		
		餐厅和客厅都用	4（7.7）	3.6	3（6.3）	3.4		
	用餐时餐桌类型	带椅子的餐桌	33（63.5）	31.7	28（58.3）	29.3	0.281	0.869
		不带椅子的矮式餐桌	16（30.8）	17.2	17（35.4）	15.8		
		两种都用	3（5.8）	3.1	3（6.3）	2.9		
	睡眠场所	床	37（71.2）	40.0	40（83.3）	37.0	2.091	0.148
		地炕	15（28.8）	12.0	8（16.7）	11.0		
	入睡时间	8 点	11（21.2）	9.4	7（14.6）	8.6	7.244	0.124
		9 点	23（44.2）	23.4	22（45.8）	21.6		
		10 点	10（19.2）	14.0	17（35.4）	13.0		
		11 点	4（7.7）	2.1	0（0.0）	1.9		
		12 点	4（7.7）	3.1	2（4.2）	2.9		

续表

名称	项目	内容	朝鲜族（n=52）		汉族（n=48）		χ^2	p
			频次（百分比/%）	其他频次	频次（百分比/%）	其他频次		
生活环境和生活习惯	一天平均睡眠时间	5 小时以下	4（7.7）	3.1	2（4.2）	2.9	0.942	0.815
		5～6 小时	21（40.4）	20.8	19（39.6）	19.2		
		7～8 小时	19（36.5）	18.7	17（35.4）	17.3		
		8 小时以上	8（15.4）	9.4	10（20.8）	8.6		
	休闲活动	看电视	32（61.5）	32.5	37（77.1）	33.5	17.400	0.135
		读书	2（3.8）	2.0	2（4.2）	2.0		
		听音乐	16（30.8）	9.0	3（6.3）	10.0		
		运动	32（61.5）	26.0	19（39.6）	25.0		
		使用电脑	3（5.8）	2.5	2（4.2）	2.5		
		睡觉	0（0.0）	0	0（0.0）	0		
		打麻将或扑克	10（19.2）	12.5	15（31.3）	12.5		
		购物	2（3.8）	7.1	13（27.1）	7.9		
		会友	25（48.1）	14.3	5（10.4）	16.7		
		其他	1（1.9）	0.5	0（0.0）	0.5		
	一天中使用电脑的时间	1～2 小时	7（13.5）	4.7	2（4.2）	4.3	8.949	0.111
		2～3 小时	1（1.9）	3.1	5（10.4）	2.9		
		3～4 小时	1（1.9）	1.6	2（4.2）	1.4		
		4～5 小时	1（1.9）	0.5	0（0.0）	0.5		
		5～6 小时	0（0.0）	1.0	2（4.2）	1.0		
		6～7 小时	0（0.0）	0.0	0（0.0）	0.0		
		7～8 小时	0（0.0）	0.0	0（0.0）	0.0		
		8 小时以上	0（0.0）	0.0	0（0.0）	0.0		
		不使用	42（80.8）	41.1	37（77.1）	37.9		

续表

名称	项目	内容	朝鲜族（n=52）		汉族（n=48）		χ^2	p
			频次（百分比/%）	其他频次	频次（百分比/%）	其他频次		
生活环境和生活习惯	一天中平均看电视的时间	1～2 小时	13（25.0）	9.9	6（12.5）	9.1	13.545	0.094
		2～3 小时	12（23.1）	14.0	15（31.3）	13.0		
		3～4 小时	9（17.3）	10.4	11（22.9）	9.6		
		4～5 小时	3（5.8）	7.3	11（22.9）	6.7		
		5～6 小时	6（11.5）	4.7	3（6.3）	4.3		
		6～7 小时	2（3.8）	1.0	0（0.0）	1.0		
		7～8 小时	3（5.8）	2.1	1（2.1）	1.9		
		8 小时以上	1（1.9）	0.5	0（0.0）	0.5		
		不收看	3（5.8）	2.1	1（2.1）	1.9		
运动习惯	健身房的利用	是	8（15.4）	7.3	6（12.5）	6.7	0.173	0.451
		不是	44（84.6）	44.7	42（87.5）	41.3		
	有规律的运动	是	36（69.2）	32.8	27（56.3）	30.2	1.804	0.128
		不是	16（30.8）	19.2	21（43.8）	17.8		
	经常做的运动	足球	0（0.0）	0.0	0（0.0）	0.0	18.039	0.205
		排球	0（0.0）	0.5	1（2.1）	0.5		
		篮球	0（0.0）	0.0	0（0.0）	0.0		
		棒球	0（0.0）	0.0	0（0.0）	0.0		
		羽毛球	1（1.9）	1.0	1（2.1）	1.0		
		网球	0（0.0）	0.0	0（0.0）	0.0		
		兵乓球	2（3.8）	2.5	4（8.3）	3.5		
		跳绳	0（0.0）	0.5	1（2.1）	0.5		
		呼啦圈	1（1.9）	1.5	2（4.2）	1.5		
		跆拳道	0（0.0）	0.0	0（0.0）	0.0		
		剑道	0（0.0）	0.0	0（0.0）	0.0		

名称	项目	内容	朝鲜族（n=52）		汉族（n=48）		χ^2	p
			频次（百分比/%）	其他频次	频次（百分比/%）	其他频次		
运动习惯	经常做的运动	登山	11（21.2）	13.0	16（33.3）	14.0	18.039	0.205
		散步	28（53.8）	31.5	37（77.1）	33.5		
		跳舞	29（55.8）	18.5	6（12.5）	16.5		
		太极拳	0（0.0）	0.5	1（2.1）	0.5		
		游泳	5（9.6）	5.0	5（10.4）	5.0		
		不做	1（1.9）	4.0	8（16.7）	5.0		
		体操或瑜伽	15（28.8）	9.5	4（8.3）	8.5		
		其他	3（5.8）	4.5	7（14.6）	5.5		
	一次运动时间	0.5～1小时	15（28.8）	16.1	16（33.3）	14.9	3.085	0.379
		1～2小时	18（34.6）	18.2	17（35.4）	16.8		
		2小时以上	13（25.0）	9.9	6（12.5）	9.1		
		其他	6（11.5）	7.8	9（18.8）	7.2		
	运动理由	健康	42（80.8）	39.0	33（68.8）	36.0	6.073	0.194
		保持身材	0（0.0）	1.6	3（6.3）	1.4		
		控制体重	2（3.8）	2.1	2（4.2）	1.9		
		康复治疗	3（5.8）	2.1	1（2.1）	1.9		
		其他	5（9.6）	7.3	9（18.8）	6.7		

注：$*p \leqslant 0.05$；$**p \leqslant 0.01$；$***p \leqslant 0.001$

第五节　体型和社会环境因素的关联性

人的体型的影响因素可以分为遗传因素、身体内部要素等内在条件和营养、运动、环境等后天要素。本次研究比较了居住在延边地区的不同年龄代朝鲜族和汉族男性的体型差异以及饮食习惯、生活环境和生活习惯、运动习惯差异，由此了解体型和社会环境因素的关联性，结果如下。

在用餐时最重视的因素中，朝鲜族 10 代男性选择最多的是味道，占 51.2%，汉族 10 代男性选择最多的是营养，占 43.5%。朝鲜族 20 代男性选择最多的是味道，占 46.3%，汉族 20 代男性选择最多的是营养，占 50.0%。朝鲜族 40 代男性的选择是营养和味道，均占 40.0%，汉族 40 代男性的选择是营养占 59.2%、味道占 18.4%。朝鲜族 60 代男性选择最多的是营养，占 34.6%，汉族 60 代男性选择最多的是营养，占 50.0%。朝鲜族年龄越大，越重视营养。这虽然可解释为年龄越大的人对健康更加关心，但同时也与在中国受了一部分中国的影响而形成新的饮食习惯有关。

根据조우균的研究，朝鲜族以快餐为零食，汉族以水果为零食。在本次研究中，朝鲜族 20 代男性选水果为吃得最多的零食，汉族选饮料为吃得最多的零食。曹玉军的研究表明朝鲜族吃快餐最多，但本次研究显示朝鲜族最喜欢吃水果，从这个结果可以看出，朝鲜族受到了汉族饮食习惯的影响。原因是朝鲜族 10 代就读于朝鲜族学校，汉族 10 代就读于汉族学校。而汉族 20 代比其他年龄层汉族和朝鲜族相处得多，因此本次研究结果可以解释为汉族和朝鲜族都受到了相互的影响。

关于朝鲜族 60 代男性和汉族 60 代男性的休闲活动，朝鲜族 60 代男性选择最多的是看电视和运动，汉族 60 代男性选择最多的是看电视。表 4-5 是延边地区 60 ～ 70 岁朝鲜族的休闲活动。从表 4-5 中可以看出，60 ～ 70 岁朝鲜族花费在休闲活动上的费用占 36% 以上，与本次研究中出现的朝鲜族的看电视在休闲活动中占很大比重的结果是一致的。

表 4-5　60～70 岁朝鲜族的生活活动所需花费

年龄段		娱乐费	电视费	工作	幼儿费	其他	总计
60～65 岁	人数 / 人	17	21	6	12	1	57
	占比 %	29.8	36.8	10.5	21.1	1.8	100.0
66～70 岁	人数 / 人	15	12	1	4	0	32
	占比 %	46.9	37.5	3.1	12.5	0.0	100.0

注："幼儿费"指陪幼儿所花费的费用，比如去游乐场所的开销等

资料来源：안병삼. 2012. 중국 코리안 디아스포라 노인세대의 생활실태 고찰. 한국동 북아학회, 64（4）：267-292

对于是否进行有规律的运动这一问题，朝鲜族 40 代男性是 50.0% 的人进行有规律的运动，汉族 40 代男性是 22.4% 的人进行有规律的运动，可以看出，朝鲜族比汉族进行有规律的运动的人多。对于运动理由，朝鲜族 60 代男性的选择是为了健康占 80.8%、为了康复治疗占 5.8%、为了控制体重占 3.8% 的顺序，汉族 60 代男性的选择是为了健康占 68.8%，和 40 代一样，60 代朝鲜族男性比汉族男性进行有规律的运动的人多。

对于月平均餐费的问题，朝鲜族 40 代男性选不知道的占 34.0%，而 98.0% 的汉族 40 代男性知道餐费支出情况，由此可以看出，汉族比朝鲜族更加关心餐费支出。朝鲜族 60 代男性选 300～500 元和不知道的各占 32.7%，汉族 60 代男性选 501～800 元和 801～1000 元的各占 25.0%，可以看出，朝鲜族和汉族 40 代、60 代男性的月平均餐费是汉族比朝鲜族多，和 40 代一样，朝鲜族 60 代男性对餐费漠不关心的人较多。

表 4-6、表 4-7 所示是延边地区朝鲜族 60～70 岁男性的一个月的生活费和支出的内容。月生活费在 1000 元以上的人最多，

其中酒烟的支出费用在 60 ～ 65 岁是占 12.3%、66 ～ 70 岁是占
12.5%，可以看出在烟酒上支出的费用多。

表 4-6　60 ～ 70 岁朝鲜族男性月生活费

年龄段		200 ～ 500 元	501 ～ 800 元	801 ～ 1000 元	1000 元以上	总计
60 ～ 65 岁	人数 / 人	0	2	9	45	56
	占比 %	0.0	3.6	16.1	80.4	100
66 ～ 70 岁	人数 / 人	1	4	7	20	32
	占比 %	3.1	12.5	21.9	62.5	100

资料来源：안병삼. 2012. 중국 코리안 디아스포라 노인세대의 생활실태 고찰. 한국 동북 아학회,
64（4）：267-292

表 4-7　60 ～ 70 岁朝鲜族男性月支出费用

年龄段		烟酒费	餐费	物品购买	医疗费	其他	总计
60 ～ 65 岁	人数 / 人	7	25	7	17	1	57
	占比 %	12.3	43.9	12.3	29.8	1.8	100
66 ～ 70 岁	人数 / 人	4	15	4	9	0	32
	占比 %	12.5	46.9	12.5	28.1	0	100

资料来源：안병삼. 2012. 중국 코리안 디아스포라 노인세대의 생활실태 고찰. 한국 동북아학회,
64（4）：267-292

对于经常吃的零食种类这一问题，朝鲜族 40 代、60 代和汉
族 40 代、60 代男性都是回答其他的人最多，而汉族占的比重更
高。在其他零食中，40 代、60 代与 10 代、20 代不同的是酒占
的比重高。

朝鲜族存在有意义的年龄代有差异的项目总共是 40 项，汉
族总共是 52 项，比朝鲜族存在年龄代有差异的项目多。在周长
项目、厚度项目、体重上，汉族和朝鲜族的差异是随着年龄的增
长而变大。这是因为 60 代和 40 代朝鲜族男性比汉族男性为了健
康运动的时间多。朝鲜族、汉族男性的月平均餐费是汉族比朝鲜

族多，朝鲜族对餐费漠不关心的人更多。这是受到了朝鲜族坚持做运动、休闲活动的增加等生活习惯的影响。

根据李宗美、张楠秀、曹玉军的研究来看，在对味道（甜味、辣味、酸味）的喜爱度上，朝鲜族、汉族两个集体没有差异，朝鲜族20代男性和汉族20代男性比居住在首尔的20代男性对咸味的喜爱度低。在本次研究中，朝鲜族20代男性选有点淡的占31.5%、选一般的占29.6%、选有点咸的占29.6%、选非常淡的占5.6%、选非常咸的占3.7%，汉族20代男性选一般的占50.0%、选有点咸的占23.1%、选非常咸的占13.5%、选有点淡的占11.5%、选非常淡的占1.9%，可以看出朝鲜族比汉族吃得淡。曹玉军的研究表明，韩国人比朝鲜族、汉族吃得淡，朝鲜族比汉族吃得淡的原因是朝鲜族的饮食受到韩国人饮食的影响。

根据한춘희的研究，20世纪90年代至2000年初期，韩国与中国的交流不够频繁，朝鲜族对泡菜、酱菜的喜爱导致对盐的摄取量比汉族多，导致骨质疏松、高血压等疾病发生的比例比汉族高，但是近几年朝鲜族比汉族吃得淡。임순等的研究表明，若摄取的食物过咸，女性上腹部会积累过多脂肪。在本研究中，40代、60代汉族男性比朝鲜族男性的腰周长长可能是因为摄取咸的食物的习惯。

对于吃零食的理由，10代朝鲜族男性的选择是无聊占46.5%、饿占34.9%，10代汉族的选择是无聊占50.0%、饿占15.2%，可以看出，两个群体都是因为无聊才吃的情况多。这与김미옥的韩国和日本大学生出现饥饿以后再吃零食的研究结果不一致。

对于住宅类型，朝鲜族10代男性和汉族10代男性的选择在

$p \leqslant 0.001$ 的水平存在有统计学意义的差异。汉族 10 代男性比朝鲜族 10 代男性住在学校宿舍、平房、出租房的比例高，朝鲜族 10 代男性比汉族 10 代男性住楼房的比例高。

根据延边地区出国的劳动者人口统计数据来看，自 1998 年以来，延边地区的海外劳动输出增长率以惊人的速度增长。朝鲜族出国人口中有 40 代前后的人，他们去海外挣钱后购买楼房，然后让他们的子女住，所以朝鲜族住楼房的比例比汉族高。并且，朝鲜族 10 代男性在使用电脑时间的回答中不使用占 9.3%，而汉族 10 代男性是不使用占 32.6%，可以看出，朝鲜族 10 代男性使用电脑的时间比汉族多。此现象同样出现在父母在韩国、美国、日本等地挣钱的家庭中，因为和祖父母在一起生活，就缺少了父母的陪伴，所以这可以看作是沉迷游戏的青少年的生活习惯所反映的现实结果。

第五章

结论与展望

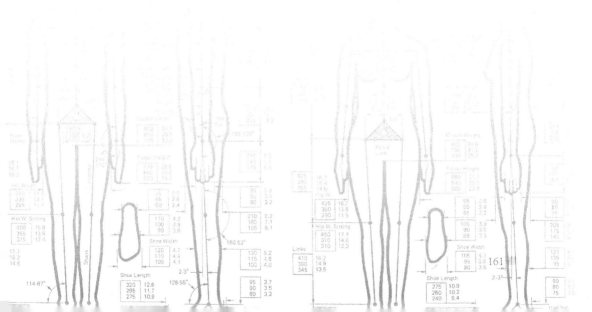

第一节 结 论

　　本书的目的在于比较说明居住在中国延边地区的朝鲜族和汉族男性的年龄代之间的体型差异，根据人体部位的体型变化，以及朝鲜族和汉族男性的饮食习惯、生活环境和生活习惯、运动习惯做分析研究，提取出影响体型变化的因素，根据朝鲜族和汉族的体型特点制定标准的结构图和地区原型，为地区的服装生产、服装教学和服装工业化进程提供系统的基础资料。

　　本书研究对象是居住在中国延边地区的朝鲜族和汉族 10 代、20 代、40 代、60 代男性 402 人，实施了对 66 个项目的人体测量和对 34 个项目的问卷调查（有效数据 394 份）。问卷调查以研究人口统计学特征、饮食习惯、生活环境和生活习惯、运动习惯为主要内容。为了比较分析人体测量值，利用 SPSS17.0 实施了对于各年龄代朝鲜族和汉族数据的 t 检验，为了分析朝鲜族和汉族男性的体型差异，实施了一元方差分析和 Duncan 检验，并利用图表比较分析了朝鲜族和汉族男性的体型变化，对问卷数据的统计采用了频度分析和交叉分析。

一、朝鲜族和汉族男性的年龄代之间人体测量值比较

研究结果如下：①朝鲜族 10 代男性和汉族 10 代男性在 66 项人体测量值中的 41 项上存在差异，其差异主要出现在高度项目和长度项目上。朝鲜族 10 代男性在除了膝盖高以外的所有高度项目上都在 $p \leqslant 0.001$ 水平与汉族 10 代男性存在差异，长度项目中的上半臂长、腰到脚跟长、肚脐绕裆的长在 $p \leqslant 0.001$ 水平与汉族存在差异，周长项目中的脚腕周长上在 $p \leqslant 0.001$ 水平与汉族存在差异，宽度项目上的肩宽、肚脐水平腰宽、臀宽、膝盖宽、脚腕宽上比汉族窄，在体重项目上比汉族轻。②朝鲜族 20 代男性和汉族 20 代男性在 66 项人体测量值中的 24 项上有差异，主要是表现在高度项目上。20 代在长度项目上跟 10 代不同的是，在肚脐绕裆的长、头部垂直长、肚脐水平长、颈侧腰围线长、腋前折叠之间长、后背长、腋下后臂之间长项目上没有出现差异，在其他项目上跟 10 代不同的是，在体重项目上没有出现有统计学意义的差异。③朝鲜族 40 代男性和汉族 40 代男性在 66 项人体测量值中的 49 项上有差异，差异出现在高度项目、宽度项目、周长项目、厚度项目、长度项目、其他项目上。

二、朝鲜族和汉族男性的社会环境因素比较

朝鲜族和汉族男性的社会环境因素，即饮食习惯、生活环境等生活习惯、运动习惯 28 项问卷调查项目的交叉分析结果表明，10 代在 5 项上，20 代在 9 项上，40 代在 6 项上，60 代在 5 项上出现了有统计学意义的差异。

1）饮食习惯。朝鲜族和汉族 10 代是在一天中略过用餐的时间、经常吃的零食种类上存在差异，20 代是在用餐时最重视的因素、用餐时食物的咸淡、经常吃的零食种类、在外用餐次数上存在差异，40 代是在用餐时最重视的因素、经常吃的零食种类、月平均餐费、饮食习惯的问题上存在差异，60 代是在用餐时食物的咸淡、月平均餐费、用餐方式、饮食习惯的问题上存在差异。在用餐时最重视的因素上，20 代和 40 代朝鲜族和汉族出现了有统计学意义的差异，这凸显出朝鲜族同时重视味道和营养，而汉族更重视营养的倾向。在零食种类上，除了 60 代，10 代、20 代、40 代朝鲜族和汉族都出现了有统计学意义的差异，60 代在社会上生活了很长时间，由此能推测这是被中国文化影响的结果。在月平均餐费上，40 代和 60 代朝鲜族和汉族出现有统计学意义的差异，汉族比朝鲜族的月平均餐费多。

2）生活环境和生活习惯。朝鲜族和汉族 10 代是在住宅类型和一天中使用电脑的时间上存在差异，20 代是在休闲活动上存在差异，60 代是在住宅类型上存在差异，但是 40 代在生活环境和生活习惯上并没有出现有统计学意义的民族差异。

3）运动习惯。朝鲜族和汉族 10 代是在一次运动时间上存在差异，20 代是在健身房的利用、经常做的运动、运动理由上存在差异，40 代是在有规律的运动、经常做的运动上出现了差异，但 60 代在运动习惯上没有出现有统计学意义的民族差异。

三、体型和社会环境因素的关联性

高度项目跟年龄代无关，出现朝鲜族和汉族尺寸差异相同的倾向，且汉族比朝鲜族大，此结果被推测是因为高度项目是以骨骼为中心的项目，所以遗传因素所起的作用很大。但是，周长项目、厚度项目、体重是随着年龄的增长，汉族和朝鲜族的差异变大，这是因为这些项目受饮食习惯、生活习惯等生活习惯、运动习惯差异的影响。

40 代、60 代的汉族比朝鲜族在腰周长上数值大。此结果被认为是受汉族经常吃的零食种类的比率相比其他项目没有朝鲜族高，汉族比朝鲜族吃得较咸的影响较大。

汉族在大部分项目上都比朝鲜族数值大，这虽然受遗传因素的影响，但与汉族的餐费支出比朝鲜族多，汉族男性对料理的关心及摄取的食物的量较多有关。

第二节 研究的限制点及展望

一、限制点

本书研究是通过比较朝鲜族和汉族男性的体型及社会环境因素去观察朝鲜族和汉族男性的各年龄代之间的体型变化。各年龄代的体型变化需要持续观察，而且需要更为丰富的人体测量数据才能获取准确的资料。但是，本书仅选定 10 代、20 代、40 代、60 代的男性集体来比较年龄代之间的体型，用其解析体型变化，这可以说是本书研究的局限性。由于是随机抽取朝鲜族、汉族各年龄代 50 人左右来测量，所以需要注意本书的研究结果是一般化的结论。

二、展望

本书研究对象是 10 代、20 代、40 代、60 代男性，但未来的研究中也应展现包括 30 代、50 代、70 代等各年龄代的研究。本书研究对象是居住在中国延边地区的朝鲜族和汉族男性，并且比较了人体测量值和影响体型的社会环境因素，此研究可以为 10 年、20 年后朝鲜族和汉族男性体型的变化研究提供基础资料。虽然未来的朝鲜族的体型会由于遗传因素存在差异，但是随着岁月的流逝，社会环境方面被汉族逐渐带动和影响，所以今后朝鲜族和汉族的体型差异可能会逐渐减小。

延边成立初期，朝鲜族人口虽然占了总人口的 60.2%，但是 1982 年这一比例为 40.32%，1990 年这一比例为 39.5%，2008 年这一比例为 36.8%（吉林省统计局，1984；姜栽植，2007），处于持续下降的状态。朝鲜族人口比例的下降的原因是产业化、城市化以及韩国的海外劳动人口的移民，还因为中国政府使延边地区的汉族人口比例增加。因此，从这样的视角来看，朝鲜族和汉族的体型比较研究会有助于朝鲜族在国内确立民族认同感。

参考文献

陈思. 2011. 天津中年男子体型的划分. 现代丝绸科学与技术,（3）：95-96.

崔庆植. 2004. 全球化背景下的思考：中国民族政策及朝鲜族历史、现状与未来. 中央民族大学博士学位论文.

管延江. 2010. 中国延边地区对韩国劳务输出问题研究. 延边大学博士学位论文.

胡海滔,李志忠,肖惠,等. 2006. 北京地区老年人人体尺寸测量. 人类工效学, 12(1)：39-42.

吉林省统计局. 1984. 吉林城市年鉴（1984）. 长春：吉林省统计局印刷厂. 内部发行.

姜栽植. 2007. 中国朝鲜族社会研究：对延边地区基层民众的实地调查. 北京：民族出版社.

李承律. 2005. 东北亚时代的朝鲜族社会. 北京：世界知识出版社.

刘金质,杨淮生. 1994. 中国对朝鲜和韩国政策文件汇编. 北京：中国社会科学出版社.

尚磊,李沪建,江逊,等. 2007. 不同民族18～20岁男青年体型特征比较分析. 中国公共卫生, 23（11）：1324-1325.

尚磊,徐勇勇,杜晓晗. 2004. 我国男性青年体型的地区差异研究. 人类学学报, 23（1）：55-60.

师华,戴鸿,赵静静,等. 2009. 陕西地区老年男性服装原型的分析研究. 陕西纺织,（2）：39-40.

王慧娟. 2008. 陕北地区老年人体型特征及号型细分研究. 江南大学硕士学位论文.

王慕宁. 1929. 东三省之实况. 上海：中华书局.

武志峰. 2007. 山东地区汉族大学生的体型研究. 青岛大学硕士学位论文.

许明哲. 2001. 当代延边朝鲜族社会发展对策分析. 沈阳：辽宁民族出版社.

玄龙男. 2011. 试论延边地区民族人口的构成. 延边大学学报 (社会科学版), 34 (3): 48-50.

延边朝鲜族自治州人民政府. http://www.yanbian.gov.cn[2012-12-01].

杨子田, 张文斌, 张渭源. 2006. 我国华东地区成年男子体型分析. 纺织学报, 27 (8): 53-56.

于潇. 2006. 东北亚区域劳务合作研究. 长春: 吉林人民出版社.

张宏, 张长江. 2003. 我国劳务输出发展所面临的困难与对策. 现代经济探讨, 20(9): 25-27.

김옥경. 2005. 35—49 세 남성의 체형 연구. 한국의류산업학회지, 7 (3): 301-308.

김유경, 신원선. 2008. 일부 도시와 농촌지역 고등학생의 체형에 대 한 인식, 식습관 비교 연구. 대한지역사회영양학지, 13 (2): 153-163.

김진구, 김순심. 1993. 중국 조선족의 복식 연구(1) - 혼례복에 관하여. 한국복식학회, 20 (1): 191-201.

김미옥. 2010. 한일 여대생들의 비만에 대한 인식 및 생활패턴 비교. 한국식품영양학회지, 39 (5): 707.

나종용, 박성준, 정의숭. 2007. 한국 비만 남성의 체형 분류 및 특 성 분석. 대한인간공학회, 26 (4): 103-111.

남은우, 배성권, 박기만. 1996. 로러지수에 의한 한국과 중국 연변지역의 조선족 아동의 체격비교. 한국학교보건학회지, 9 (1): 43-53.

박은숙. 1997. 미국거주 한국인의 식생활 적응에 영향을 미치는 요 인 및 식습관 변화. 한국식생활문화학회지, 12 (5): 519-529.

박영선, 정영숙. 2001. 연변지역 조선족의 식생활 문화와 한국 전 통음식에 대한 인식. 동아시아식생활학회지, 11 (1): 71-81.

박상욱. 2004. 대전지역 대학생들의 식생활 실태 및 생활습관이 식품섭취에 미치는 영향. 동아시아식생활학회지, 14 (1): 11-19.

석혜정, 김인숙. 2002. 20 대 남성 체형 연구(제 2 보)측면 체형 분류. 한국의류학회지, 2 (26): 270-279.

석혜정, 임순. 2004. 중국 및 국내거주 한국인의 체형 비교 연 구: 20 대 남성을 중심으로. 한국의류산업학회지, 28 (9/10): 1219-1230.

성옥진, 김애린. 2004. 중년 남성의 체형 연구:직접측정치 분석. 한국의류산업학회지, 54 (1): 37-51.

성선화, 유옥경, 손희숙, 차연수. 2007. 전주지역 중학생의 성별 및 비만판정에 따른 식행동 비교 연구. 한국식품영양과학회지, 6 (8): 995-1009.

석혜정, 김인숙. 2002. 20 대 남성의 의류치수 체계개발. 대한가정 학회지, 40 (7): 157-171.

신원선. 2008. 일부 도시와 농촌지역 고등학생의 체형에 대한 인 식, 식습관 비교 연구. 대한지역사회영양학회지, 13 (2): 162.

심부자, 서추연, 이서영. 2008. 중국 중년남성의 슬랙스 패턴설계 를위한 하반신 체간부 유형분석. 패션비즈니스학지, 12 (2): 87-99.

안병삼. 2012. 중국 코리안 디아스포라 노인세대의 생활실태 고 찰. 한국동북아학회지, 64 (4): 267-292.

우경자, 천종희, 최은옥. 2002. 인천광역시 노인의 식생활 관련 인 자 연구. 한국식생활문화지, 17 (4): 424-434.

유신정, 이순원. 1991. 의복구성을 위한 20 대 남성의 체형변화 연 구. 한국의류학회지, 15 (4): 393-403.

이대택. 2003. 남녀 중고생의 체중인지도가 체중조절과 운동행위에 미치는 영향. 체육과학연구, 14 (3): 36-47.

이미숙, 우미경. 2003. 대전지역 남녀 대학생의 식생활습관과 사 의질 변화. 대한지역사회영양학회지, 8 (1): 33-40.

이미숙, 우미경. 2002. 전주지역 중, 노년층의 생활습관과 건강상 태조사. 대한지역사회영양학회지, 7 (6): 759-760.

이보나, 서미아. 2011. 비만 중년의 하반신 체형 분류에 관한 연 구. 복식문화연구회지, 19 (6): 1150-1162.

이영주, 김현진. 2003. 60 대와 20 대 남성의 하반신 체형에 대한 인 식 연구. 한국생활과학회지, 12 (5): 76-78.

이재하, 김석주. 2007. 연변조선족자치주의 지역성 변화에 관한 세 계체제론적분석. 한국지역지리학회지, 13 (4): 461-475.

이정임, 주소령, 남윤자, 문지연. 2004. 노년여성 표준치수설정에 관한 연구. (제 1 보) - 연령대별 체형특성 및 지역별 체형차, 한국의류학회지, 27 (1): 88-89.

이정임, 주소령, 남윤자, 문지연. 2004. 노년여성의 표준치수 설정 에 관한 연구 (제 2 보) - 체형분류와 표준신체 치수. 한국의류학회지, 28 (3/4): 377-386.

김미경, 박혜진. 2001. 연변조선족 주부와 여대생의 식생 활 실태조사. 한국식생활문화학회지, 16 (1): 33-42.

이종미, 장남수, 조우균. 2001. 연변 조선족과 한·중 대학생의 영양소 섭취상태 비교. 한국식생활문화학회지, 16 (5): 492-503.

이종숙, 임순. 2007. 한국여성과 일본거주 한인여성의 신체 계측치 비교연구. 한국의상디자인학회지, 9 (2): 93-101.

이희섭. 1997. 체형에 따른 성인 남녀의 생활습관에 관한 연구. 한국조리과학회지, 13 (2): 150-153.

임순. 2004. 중국 및 국내거주 한국인의 체형 비교 연구. 한국의류학회지, 28(9/10): 1219.

임순, 석혜정. 2007. 러시아와 중국거주 한국인의 체형 비교 연구. 한국의류학회지, 31 (5): 813-825.

임순, 석혜정. 2007. 러시아와 중국거주 한국인의 체형 비교 연구 -60 대여성을 중심으로. 한국의류학회지, 31 (5): 813-825.

임순, 김상희. 2010. 몽골 남성의 체형특성에 관한 연구. 한국의상디자인 학회지, 12 (1): 141-151

임순, 손희순, 김지연. 2001. 중국 성인남성의 체형연구 (1) - 북경, 상해를 중심으로. 한국패션비즈니스학회지, 5 (1): 17-33.

임순, 손희순, 김효숙, 손희정, 장희경. 1999. 한국과 중국조선족 여대생의 체형 비교 연구. 한국의류학회지, 23 (8): 1228-1239.

장루월, 이은희, 임현숙, 천종희. 2012. 중국과 한국에 거주하는 한족 아동의 식습관 및 생활습관 비교. 동아시아학회지, 22 (1): 1-8.

정성호. 1998. 해외 한인의 지역별 특성. 한국인구학회지, 2 (1): 105-128.

정옥임. 1993. 개인적 인식에 의한 인지체형과 실제체형과의 비교 연구. 대한가정학회지, 32 (1): 153-162.

정현영, 전은례. 2011. 중국유학생의 한식 메뉴 선호도 및 기숙사 급 만족도: 목포대 일부 재학생을 대상으로. 한국식품영양과학회지, 40 (2): 283-289.

조윤주. 2005. 체형인식에 따른 세분화와 의복평가기준과의 관계. 대한가정학회지, 43 (11): 185-196.

최경순, 신경옥, 허선민, 정근희. 2009. 서울 지역 여대생의 식생활 평가에 따른 식습관, 신체발달 및 혈액인지 비교 연구. 동아시아 식생활학회지, 19 (6): 856-868.

최미성. 2008. 실제체형과 이상체형에 대한 남녀 대학생들의 인식 과 선호체형에 관한 연구. 한국의류학회지, 32 (3): 443-453.

최영림, 한설아, 남윤자. 2009. 연령대 변화에 따른 비만 남성 체 형 특성연구. 한국의류산업학회지, 33 (8): 1306-1314.

최윤정, 김은미. 2008. 중년기 남녀의 체중 감량 시도 여부에 따른 건강 관련 생활습관과 식행동의 차이 대한지역사회영양학회지, 13 (2): 187.

추태귀. 1996. 인구통계적 변인에 따른 신체 만족도와 의복 관여도에 관한 연구. 대한가정학회지, 34 (5): 49-56.

한재숙, 홍상욱, 김정숙, 이정림, 허성미. 1996. 식생활 의식 식습 관식물 쓰레기의 감량과 재활용에 미치는 영향. 동아시아 식생활학회지, 6 (3): 381-391.

김춘선. 2009. 중국 조선족 통사. 연변: 인민출판사: 335.

정영주. 2004. 중국 조선민족 무용 연구. 중국: 민족출판사: 225.

한춘희. 2012. 중국 연변대학교 의과대학 교수. http://cwomen.net [2012-12-05].

규격. 2004. 상업자원부 기술표준원국가표준 종합정보센터. http://standard.go.kr[2004-10-02].

한국인 인체치수조사 자료. 2004. 산업자원부 기술표준원. http://www.sizekorea.ats.go. kr[2004-10-02].

附　　录

附录 1　朝鲜语调查问卷

설 문 지

안녕하십니까

바쁘신 중에 어려운 부탁을 드리게 되어 정말 송구스럽게 생각합니다. 본 설문지는 연변에 거주하고 있는 조선족과 한족 남성들의 식습관 및 생활습관, 운동습관에 따른 체형의 차이를 연구하기 위한 내용입니다.

본 조사의 결과는 연구목적 이외에는 사용되지 않으며 질문내용에 대한 응답은 옳고 그른 것이 있을 수 없으니, 연구에 도움이 될 수 있도록 귀하의 생각하는 바를 그대로 솔직하게 기록해 주시면 대단히 감사하겠습니다.

1. 귀하의 민족은?

① 조선족   ② 한족

2. 귀하의 연령은?

① 만 15 ~ 17 세   ② 만 22 ~ 27 세   ③ 만 40 ~ 49 세

④ 만 60 ~ 69 세

3. 자신을 제외한 형제, 자매 수는?

① 0 명   ② 1 명   ③ 2 명   ④ 3 명이상

4. 본인의 직업은?

① 단순 노동자 : 경비, 배달, 행상, 노동, 청소부 등

② 자영업자 : 상업, 농·수산업, 가내수공업, 수리업, 운
   전기사 등

③ 사무직 : 은행원, 회사원, 공무원, 기술자 등

④ 관리직 : 고위 공무원, 기업체 간부, 기업체 경영자 등

⑤ 전문직 : 교사, 교수, 의사, 약사, 변호사, 판사, 검사,
   종교인, 예술가 등

⑥ 학생

⑦ 정년퇴임

⑧ 직업없음

5. 자신은 누구와 살고 있습니까?

① 부모   ② 조부모와 부모   ③ 부   ④ 모   ⑤ 조부   ⑥ 조모

⑦ 아내   ⑧ 아이들   ⑨ 혼자의   ⑩ 친척   ⑪ 아내와 아이들

⑫ 부모, 아내, 어린이   ⑬ 부모와 자녀

6. 가정의 월 평균 소득은 어떻습니까?

① 1000 위안 이하   ② 1000 ~ 2000 위안   ③ 2001 ~ 3000 위안

④ 3001 ～4000 위안　⑤ 4001 ～5000 위안　⑥ 5000 위안 이상

⑦ 모른다

※ **다음은 귀하의 식습관에 대한 조사입니다 . 가장 일치하는**
번호에 체크 （√） 하여 주시기 바랍니다 .

7. 하루에 식사횟수는 몇 번입니까 ?

① 1 번　② 2 번　③ 3 번　④ 4 번 이상

8. 하루 중 식사량이 가장 많은 식사시간은 언제입니까 ?

① 아침　② 점심　③ 저녁　④ 3 끼 비슷하다

9. 식사를 거른다면 주로 어느 식사를 거르나요 ?

① 아침식사　② 점심식사　③ 저녁식사

④ 식사를 거르지 않는다

10. 하루 식사 중 가장 중요하게 생각하는 식사는 무엇입니까 ?

① 아침　② 점심　③ 저녁　④ 세끼모두

11. 식사를 할 때 가장 중요하게 생각하는 것은 무엇입니까 ?

① 영양　② 맛　③ 향　④ 위생　⑤ 기타

12. 식사 시 음식의 간은 어떻게 먹는 편입니까 ?

① 매우 짜게 먹는 편이다　② 약간 짜게 먹는 편이다

③ 보통이다　④ 약간 싱겁게 먹는 편이다

⑤ 매우 싱겁게 먹는 편이다

13. 밥 외에 가장 좋아하는 음식의 종류는 무엇입니까 ? (3
가지만 선택해주세요)

① 육류　② 채소류　③ 김치 류　④ 면식 류　⑤ 과일류

⑥ 피자나 햄버거 류　⑦ 유제품　⑧ 견과류

14. 하루의 간식 횟수는 ?

① 안 먹는다   ② 하루 1 회   ③ 하루 2 회   ④ 하루 3 회 이상

15. 간식을 먹는다면 , 그 이유는 무엇인가요 ?

① 배가 고파서   ② 심심해서   ③ 영양보충을 위해서

④ 스트레스 해소용으로   ⑤ 기타

16. 가장 자주 먹는 간식의 종류는 ?

① 우유 및 유제품   ② 과자 및 빵류   ③ 분식(라면 , 튀김 등)

④ 음료   ⑤ 과일   ⑥ 기타

17. 식비는 월평균 얼마나 쓰고 계십니까 ?

① 300 위안 이하   ② 300 ~ 500 위안   ③ 501 ~ 800 위안

④ 801 ~ 1000 위안   ⑤ 1000 위안 이상   ⑥ 모른다

18. 가족과 함께 외식은 얼마나 자주 하나요 ?

① 매일   ② 주 1 회   ③ 보름 1 회   ④ 한달 1 회

⑤ 2 ~ 3 달에 1 회   ⑥ 거의 하지 않는다

19. 식사는 어떻게 하나요 ?

① 식사만 한다   ② 가족들과 이야기 하며 식사를 한다

③ TV 보면서 식사를 한다   ④ 책을 보며 식사를 한다

20. 현재 자신의 식생활에 문제가 있다면 어떤 점입니까 ?

① 편식   ② 결식   ③ 과식   ④ 불규칙한 식사

⑤ 영양을 고려하지 않는 식사

⑥ 자극적인 식사 (짜거나 맵게)

⑦ 너무 빨리 먹는 것   ⑧ 문제없음   ⑨ 문제 없음

※ **다음은 귀하의 생활환경 및 생활습관에 대한 조사입니다 . 가장 일치하는 번호에 체크（√）하여 주시기 바랍니다 .**

21. 자신이 살고 있는 주택의 유형는 무엇입니까？

① 아파트　② 단층집　③ 세집　④ 학교기숙사　⑤ 기타

22. 가정에서의 식사는 어디에서 하십니까？

① 항상 식당에서 한다

② 항상 거실에서 한다

③ 대부분 식당에서 하지만 거실에서 먹는 경우도 있다

23. 식사를 할 때 사용하는 식탁은？

① 의자가 딸린 식탁

② 의자 없이 바닥에 앉는 밥상

③ 두 가지 모두 사용

24. 잠은 어디에서 잡니까？

① 침대　② 온돌

25. 잠자리에 드는 시간은 언제 입니까？

① 8 시쯤　② 9 시쯤　③ 10 시쯤　④ 11 시쯤　⑤ 12 시쯤

26. 하루에 평균 몇 시간 정도 잡니까？

① 5 시간미만　② 5 시간〜6 시간　③ 7 〜 8 시간

④ 9 시간 이상

27. 여가활동으로 주로 무엇을 합니까？（3 가지를 선택하세요)

① TV 시청　② 독서　③ 음악 감상　④ 운동하기

⑤ 컴퓨터 ⑥ 잠자기 ⑦ 마작 또는 카드놀이

⑧쇼핑 ⑨친구 만나기 ⑩기타

28. 하루 컴퓨터 사용 시간은 얼마 정도 되나요 ?

① 1 시간 이상 ② 2 시간 이상 ③ 3 시간 이상

④ 4 시간 이상 ⑤ 5 시간 이상 ⑥ 6 시간 이상

⑦ 7 시간 이상 ⑧ 9 시간 이상 ⑨ 사용하지 않는 다

29. 하루 평균 TV 시청 시간은 ?

① 1 시간 이상 ② 2 시간 이상 ③ 3 시간 이상

④ 4 시간 이상 ⑤ 5 시 간 이상 ⑥ 6 시간 이상

⑦ 7 시간 이상 ⑧ 9 시간 이상 ⑨ 시청하지 않는 다

※ 다음은 귀하의 운동습관에 대한 조사입니다 .

30. 운동을 하기 위해 헬스클럽에 다니고 있습니까 ?

① 다니고 있다 ② 다니지 않는다

31. 규칙적인 운동을 하십니까 ? (※ 규칙적인 운동이란 일주일에 최소 3 번 이상 신체활동을 행하며 , 1 회 신체활동 이 30 분 이상 , 3 개월 이상 지속적인 운동을 의미)

① 한다 ② 안 한다

32. 자신의 건강을 위하여 가장 자주 하는 운동은 무엇입니까 ? (3 가지를 선택하세 요)

①축구 ② 배구 ③ 농구 ④ 야구 ⑤ 배드민턴

⑥ 테니스 ⑦ 탁구 ⑧ 줄넘기 ⑨ 훌라후프 ⑩ 태권도

⑪ 검도 ⑫ 등산 ⑬ 산책 ⑭ 춤추기 ⑮ 태극권

⑯ 수영 ⑰ 없음 ⑱ 체조 ⑲ 기타

33. 매번 운동시간은 얼마나 됩니까 ?

① 0.5 시간 ~ 1 시간　② 1.1 시간 ~ 2 시간

③ 2.1 시간 이상　④ 기타

34. 운동을 하시는 가장 큰 이유는 무엇입니까 ?

① 건강을 위해서　② 멋진 몸매를 위해서

③ 체중조절을 위해서　④ 재활치료를 위해서　⑤ 기타

끝까지 답해 주서서 고맙습니다 .

附录 2　汉语问卷调查

问 卷 调 查

您好！

非常抱歉占用您宝贵的时间。本问卷调查的目的是研究延边地区朝鲜族与汉族男性体型差异的要素之饮食、生活、运动等习惯的不同。

调查的结果只用在论文的研究上，答案并没有对错之分，只要把您所想的如实地回答即可，非常感谢您的协助。

1. 您是什么民族？

① 朝鲜族　　② 汉族

2. 您的年龄是？

① 15～17 岁　② 22～27 岁

③ 40～49 岁　④ 60～69 岁

3. 除了您以外您有几名兄弟姐妹？

① 0 名　② 1 名　③ 2 名　④ 3 名以上

4. 您的职业是？

① 简单劳动者：保卫、送餐、行商、劳动、清扫等

② 个体户：商业、农·水产业、家庭手工业、修理、司机等

③ 白领：银行职员、公司职员、公务员、技术员等

④ 管理者：高级公务员、企业干部、企业经营者

⑤ 专职：教员、教授、医生、药师、律师、审判长、检察长、宗教人士、艺术家等

⑥ 学生

⑦ 退休

⑧ 无职业

5. 您和谁生活在一起？

① 父母　②父母和祖父母　③ 父亲　④ 母亲　⑤ 祖父

⑥ 祖母　⑦ 妻子　⑧ 子女　⑨ 独自　⑩亲戚

⑪ 妻子和子女　⑫ 父母、妻子和子女　⑬ 父母和子女

6. 您的家庭每月收入是多少？

① 1000 元以下　② 1000 ～ 2000 元　③ 2001 ～ 3000 元

④ 3001 ～ 4000 元　⑤ 4001 ～ 5000 元　⑥ 5000 元以上

⑦ 不清楚

※ 以下是对您的饮食习惯的调查，请在最适合的栏目上打对号（√）。

7. 您每天的用餐次数是？

①1 次　②2 次　③3 次　④4 次及以上

8. 您用餐最多的时候是？

① 早上　② 中午　③ 晚上　④三顿接近

9. 您经常略过用餐的时候是？

① 早上　② 中午　③ 晚上　④ 不会略过

10. 您认为一天中最重要的用餐时间是？

① 早上　② 中午　③ 晚上　④三餐都重要

11. 您认为用餐时考虑最多的是？

① 营养　② 味道　③ 香　④卫生　⑤ 其他

12. 您的口味如何？

① 非常咸　② 有点咸　③ 一般　④ 有点淡　⑤ 非常淡

13. 除米饭以外您最喜欢的饮食是？（选三种最喜欢的）

① 肉类　② 蔬菜类　③ 辣白菜类　④ 面食类　⑤ 水果类

⑥ 比萨或汉堡类　⑦ 乳制品类　⑧ 坚果类

14. 每日吃零食的次数是？

① 不吃　② 1次　③ 2次　④ 3次及以上

15. 为什么吃零食？

① 饿　② 无聊　③ 补充营养　④ 解除压力　⑤ 其他

16. 经常吃的零食种类是？

① 乳制品　② 饼干　③ 方便面或油炸食品　④ 饮料

⑤ 水果　⑥ 其他

17. 每月平均餐费是？

① 300元以下　② 300～500元　③ 501～800元

④ 801～1000元　⑤ 1000元以上　⑥ 不知道

18. 与家人一起外出用餐的频率？

① 每天　② 一周一次　③ 半个月一次　④ 一个月一次

⑤ 两到三个月一次　⑥ 基本没有

19. 您用餐的方式是？

① 只是用餐　② 边聊天边用餐　③ 边看电视边用餐

④ 边读书边用餐

20. 您认为您的饮食习惯有什么问题？

① 偏食　② 节食　③ 暴食　④ 不规律用餐

⑤ 无营养用餐　⑥ 刺激性用餐（咸或辣）　⑦ 快速用餐

⑧ 其他　⑨ 没有问题

※ 以下是对您的生活环境和生活习惯的调查，请在最适合的栏目上打对号（√）。

21. 您的住宅类型是？

① 楼房　② 平房　③ 出租房　④ 学校宿舍　⑤ 其他

22. 居家时在哪里用餐？

① 餐厅　② 客厅　③ 餐厅和客厅都用

23. 用餐的餐桌是？

① 带椅子的餐桌　② 不带椅子的矮式餐桌　③ 两种都用

24. 在哪里就寝？

① 床　② 地炕

25. 晚上就寝时间是？

① 8 点　② 9 点　③ 10 点　④ 11 点　⑤ 12 点

26. 您的睡眠时间是？

① 5 小时以下　② 5～6 小时　③ 7～8 小时

④ 8 小时以上

27. 您在业余时间主要做什么活动？（选 3 项）

① 看电视　② 读书　③ 听音乐　④ 运动　⑤ 使用电脑

⑥ 睡觉　⑦ 打麻将或扑克　⑧ 购物　⑨ 会友　⑩ 其他

28. 您每天使用电脑的时间是？

① 1～2 小时　② 2～3 小时　③ 3～4 小时

④ 4～5 小时　⑤ 5～6 小时　⑥ 6～7 小时

⑦ 7～8 小时　⑧ 8 小时以上　⑨ 不使用

29. 您每天看电视的时间是？

① 1～2 小时　② 2～3 小时　③ 3～4 小时

④ 4～5 小时　⑤ 5～6 小时　⑥ 6～7 小时

⑦ 7～8 小时　⑧ 8 小时以上　⑨ 不

※ 以下是对您的运动习惯的调查，请在最适合的栏目上打对号（√）。

30. 为了锻炼身体您是否利用健身房？

① 是　② 不是

31. 您是否做有规律的运动？（※ 有规律的运动指的是每周至少运动 3 次，每次运动量达到 30 分钟以上，并持续 3 个月以上）

① 是　② 不是

32. 为了您的健康您经常做哪些运动？（选 3 项）

① 足球　② 排球　③ 篮球　④ 棒球　⑤ 羽毛球　⑥ 网球

⑦ 乒乓球　⑧ 跳绳　⑨ 呼啦圈　⑩ 跆拳道　⑪ 剑道

⑫ 登山　⑬ 散步　⑭ 跳舞　⑮ 太极拳　⑯ 游泳　⑰ 不做

⑱ 体操或瑜伽　⑲ 其他

33. 每次运动时间是多少？

① 0.5～1 小时　② 1～2 小时　③ 2 小时以上　④ 其他

34. 运动的最大的目的是什么？

① 健康　② 保持身材　③ 控制体重　④ 康复治疗　⑤ 其他

非常感谢您的回答！